Schadwinkel | Marie Curie. 100 Seiten

✻ Reclam 100 Seiten ✻

ALINA SCHADWINKEL hat an der TU Dortmund Wissenschaftsjournalismus studiert und ist seit 2013 Redakteurin im Wissenschaftsressort von *ZEIT ONLINE*; 2014 erhielt sie den Georg von Holtzbrinck Preis für Wissenschaftsjournalismus in der Kategorie Nachwuchs.

Alina Schadwinkel

Marie Curie. 100 Seiten

Reclam

Danksagung: Am Anfang war die leere Seite. Am Ende steht mein erstes Buch. Möglich war dies vor allem dank Julia Witte genannt Vedder und Robin Fehrenbach, die mich monatelang darin unterstützt haben, Gedanken zu ordnen und aus zahlreichen Anekdoten eine spannende Geschichte zu formen.

Auch als E-Book erhältlich

www.reclam.de

Für mehr Informationen zur 100-Seiten-Reihe:
www.reclam.de/100Seiten

Inhalt

Auf den zweiten Blick

Marie Curie hat mich gestresst. Jahrelang, von der Schulzeit über die Uni bis ins Berufsleben, ist sie mir immer wieder begegnet: in Geschichtsbüchern, Referaten, Aufsätzen, Vorlesungen. Immer wieder sah ich mich mit dieser vorbildlichen Frau konfrontiert. Bei jeder Begegnung schien sie erneut zu fragen: Und, was hast du so erreicht? Sie war die Entdeckerin der radioaktiven Elemente Radium und Polonium, hatte es, als gebürtige Polin und aus einfachen Verhältnissen kommend, zur zweifachen Nobelpreisträgerin gebracht und daneben noch ihr Leben als Ehefrau und Mutter gemeistert. Indem sie mit ihrem Mann Pierre die Radioaktivität beschrieb, begründete sie ein neues Zeitalter der Physik. Ihre Arbeit hat das Denken über Materie und Energie für immer verändert und auch der Medizin völlig neue Möglichkeiten eröffnet. Dass diese Frau ein Vorbild war, ist da fast noch untertrieben. Aber für mich war ihr unvergleichlicher Erfolg auch enorm einschüchternd. Irgendwann war es zu viel. Ich dachte: Weg mit Marie Curie! – bis ich 2010 in den USA einen Vortrag der Historikerin Julie Des Jardins hörte. Sie lehrte mich: Die Marie Curie, die ich aus meinen Geschichtsbüchern kannte, war eine Inszenierung. In der Öffentlichkeit spielte sie ihre Rolle im Dienst der For-

Marie Curie, Tochter Irène und Mann Pierre 1902 in Paris.

schung, die ihr zwar viel Renommee und Geld für ihre wissenschaftliche Arbeit einbrachte, sie aber auch enorm viel Kraft kostete.

So ist das Bild, das wir heute von Marie Curie haben, zu nicht unwesentlichen Teilen ein Werk der Medien. Eine entscheidende Rolle dabei spielte die amerikanische Journalistin Marie Mattingly Meloney, die für Curie in den 1920er Jahren eine medial orchestrierte Spenden-Tournee entlang der Ostküste der USA organisierte, um Geld für die Forschung zu sammeln. In ihren zahlreichen Artikeln machte sie Curie zu einer Ikone für die Frauen der USA, zu einer perfekten Mischung aus fürsorglicher Mutter und ehrgeiziger Karrierefrau, die Männern in nichts nachstand.

Des Jardins Vortrag und ihr 2010 erschienenes Buch *The Madame Curie Complex: The Hidden History of Women in Science* über Curie und die Entstehung ihres öffentlichen Images haben mich zur Recherche inspiriert. Plötzlich war ich nicht mehr von Marie Curie genervt, sondern fragte mich: War Marie Curie anders, als ich jahrelang geglaubt hatte? Was hat es sie wirklich gekostet, Arbeit und Privatleben zu vereinen? Litt sie unter dem dauerhaften Druck, ihren eigenen hohen Ansprüchen und denen anderer gerecht zu werden?

Natürlich wäre es unwissenschaftlich zu behaupten, es ließe sich heute ergründen, wie Curie ihre eigene Karriere wahrgenommen und empfunden hat. Aber es ist möglich, die Stationen ihres bewegten Lebens nachzuzeichnen, um zu verstehen, was es für sie bedeutet hat, sich in einer nach wie vor von Männern dominierten Welt als Mensch, als Forscherin und als Person des öffentlichen Lebens zu behaupten. Die Frage, welche Rolle Frauen in der wissenschaftlichen Forschung spielen – und welche sie spielen sollten –, ist heute so aktuell wie vor 100 Jahren. Es lohnt sich also, sich mit dieser faszinierenden Frau zu beschäftigen.

Ein Leben für die Forschung

»Wir haben hier eine vollkommen unabhängige Chemie […], welche wir die Chemie des Unberechenbaren nennen könnten.« Mit diesen Worten nimmt die damals 44-jährige Marie Curie am 10. Dezember 1911 den Nobelpreis für Chemie entgegen. Es ist das zweite Mal, dass die Jury in Stockholm sie mit der höchsten Auszeichnung der Wissenschaft ehrt – für eine Forschung, der sie allen Widrigkeiten zum Trotz jeden Tag ihres Lebens gewidmet hat, und die sie letztlich das Leben kosten sollte.

Als Maria Salome Skłodowska als jüngstes von fünf Kindern am 7. November 1867 in Warschau geboren wird, ist ihr Land noch lange nicht bereit für seine zukünftige Nobelpreisträgerin, wie das Amercian Institute of Physics in einer Ausstellung aufgearbeitet hat. Seit rund einem Jahrhundert ist Polen kein unabhängiger Staat; Österreich, Preußen und Russland haben das Land unter sich aufgeteilt. Curies Geburtsstadt steht unter scharfer Kontrolle des russischen Zaren Alexander II. Sein Ziel: dem polnischen Volk dessen Nationalismus austreiben, indem er Kultur und Sprache unterdrückt. So gibt es zwar polnische Privatschulen, die jedoch werden von der staatlichen Polizei überwacht. Noch bevor die Kinder ihre Muttersprache beherrschen, werden sie von Lehrern auf Russisch unterrichtet. An den staatlichen Schulen geht es noch rigoroser zu: »Diese Schulen waren direkt gegen den polnischen National-stolz gerichtet. Alle Anweisungen erfolgten auf Russisch von russischen Professoren, die ihre Schüler wie Feinde behandel-ten«, erinnert sich Maria in den autobiografischen Notizen, die sie ihrer Biografie über ihren Mann Pierre Curie beigefügt hat. »Männer, die sich moralisch und intellektuell davon abgrenz-ten, konnten an diesen Schulen nicht unterrichten. Und so war das, was die Schüler lernten, von fragwürdigem Wert und die moralische Stimmung insgesamt unerträglich.«

Ständig unter Verdacht und Beobachtung, wussten die Kinder, dass eine einzige Konversation auf Polnisch nicht nur ihnen selbst, sondern der ganzen Familie schaden könnte. »Unter diesen Feindseligkeiten verloren sie all ihre Freude, stattdessen lastete früh das Gefühl von Misstrauen und Un-willen auf ihrer Kindheit«, schrieb Curie später. »Auf der ande-ren Seite führte die Situation zu größtem Patriotismus unter der polnischen Jugend.«

Curies Eltern, Bronisława Skłodowska und Władysław Skłodowski, fördern diesen Patriotismus, wie das American Institute of Physics beschreibt. Als Lehrer leben sie ihren Kin-dern demnach vor, wie wertvoll Wissen ist, und bringen ih-nen bei, für ihre Träume und Rechte einzustehen. Während die Mutter ihren Beruf als Schulleiterin mit Marias Geburt auf-geben muss, unterrichtet ihr Vater weiterhin Mathematik und Physik. Obwohl es riskant ist, versucht er die Werte seines Volks zu wahren, und hat Verständnis für die nationalen Träu-me der polnischen Jugend. Der russische Schulleiter zweifelt an Władysławs Loyalität gegenüber dem Zaren. Er will den Angestellten loswerden und beobachtet ihn und seine Schüler genau. »Er hielt nach ›Polish-Isms‹ Ausschau, die sich in die Arbeit der kleinen Jungen eingeschlichen hatten«, so beschreibt es Ève Curie in der Biografie, die sie über ihre Mutter Marie verfasst hat. Der Schuldige für den Ungehorsam: Władysław, weil er als polnischer Lehrer nicht konsequent genug durchgriff.

Die Überwachung hat Folgen, wie es die amerikanische Wissenschaftshistorikerin Naomi Pasachoff in ihrem Buch *Marie Curie and the Science of Radioactivity* umfassender erzählt: Im Herbst 1873 wird Władysław degradiert, was die Familie langfristig in finanzielle Schwierigkeiten bringt. Als er zudem viel Geld bei einem Investitionsgeschäft verliert, scheint Marias Karriere vor dem Aus, bevor sie überhaupt beginnen konnte. Eine gute Schulbildung und ein Studium konnten sich Ende des 19. Jahrhunderts nur wohlhabende Familien leisten. Doch Marias Durst nach Wissen ist geweckt. Denn für sie bedeutet Wissen Freiheit.

Andere Kinder spielen noch mit Puppen, als Maria bereits zu Grundschulzeiten in einem Hinterhof-Labor experimentiert. Ein Vetter hilft ihr, die nötigen Gerätschaften aufzubauen, die Familie steht sich nahe.

Mit acht Jahren verliert Maria ihre Schwester Zosia, das Mädchen stirbt an Typhus, drei Jahre später die Mutter an Tuberkulose. Aus Furcht, die Kinder anzustecken, mied Bronisława wochenlang den direkten Kontakt. Manche Psychologen gehen heute rückblickend davon aus, dass Marias auffällig zurückhaltende Art auf diese Erfahrungen in der Kindheit zurückzuführen ist.

Die Todesfälle bringen die Familie derweil näher zusammen. Regelmäßig liest Władysław seiner Tochter und ihren Geschwistern klassische Literatur vor. Er zeigt ihnen wissenschaftliche Instrumente, die er nach Hause gerettet hat, nachdem sie an der Schule verboten worden waren. Seine Leidenschaft für die Naturwissenschaften steckt die Tochter an. Nur allzu gern hält sie sich im Arbeitszimmer des Vaters auf. Am interessantesten sind ein Präzisionsbarometer mit goldenen Zeigern sowie eine Vitrine mit Gesteinsproben, Waagen, Glasflaschen und einem Elektroskop. Maria konnte sich zuerst nicht vorstellen, wozu all die faszinierenden Dinge gut sein sollten. »Physikalische Geräte«, lehrt sie der Vater. »Sie hat das nie vergessen und sang die Wörter vor sich hin, wenn sie gute Laune hatte«, schreibt Ève später.

Als Zar Alexander II. im März 1881 bei einem Bombenattentat getötet wird, tanzt Maria durch das Klassenzimmer – endlich frei! Doch die Bildung, die sie und ihre Familie sich erhoffen, bleibt den Skłodowski-Schwestern in Polen weiterhin verwehrt. Zwar verlässt Maria mit 15 Jahren als Klassenbeste das Mädchengymnasium, an der Universität in Warschau aber dürfen nur Männer studieren. Ein Studium im Ausland ist zu teuer. Und so beginnen Maria und ihre zwei Jahre ältere Schwester Bronisława, kurz »Bronia« genannt, Kurse der »Fliegenden Universität« zu besuchen. Polnische Intellektuelle hatten die Einrichtung gegründet, um heimlich, ohne russischen Einfluss soziale, naturwissenschaftliche und medizinische Probleme diskutieren zu können. Die Kurse finden stets an anderen Orten statt, wissen ihre Teilnehmer doch um die Gefahr, die das illegale Studium mit sich bringt. Mit Freude erinnere sie sich an die intellektuelle und soziale Gesellschaft dieser Zeit, schreibt Curie später. Zwar habe man kaum nennenswerte Ergebnisse erzielt, doch sie glaube noch immer daran, dass die Ideen, die die Gemeinschaft inspirierten, damals der einzige Weg zu wahrem Fortschritt waren. »Man kann nicht darauf hoffen, eine bessere Welt zu schaffen, ohne die Individuen zu stärken.«

Während die Menschen in Polen noch immer nicht frei sprechen dürfen, können Frauen in Paris bereits studieren. Also schließen Maria und ihre Schwester Bronia einen Pakt: Beide würden mit Hilfe der anderen an einer französischen Universität einen Abschluss machen. Bronia sollte zuerst fortgehen, die kleine Schwester würde in dieser Zeit arbeiten und ihr Geld schicken. Sobald die ältere ihr Studium beendet hat, würde Maria nachziehen. Und tatsächlich: Der Plan scheint aufzugehen, zumindest zu Beginn.

Bronia beginnt ihr Medizinstudium in Paris, Maria stürzt sich in Polen in die Arbeit. Zwei Jahre lang gibt sie Kindern Nachhilfe, bis sie feststellt, dass der Lohn nicht ausreicht. Sie nimmt eine Stelle als Gouvernante an. Die wenige Zeit, die ihr neben der Kinderbetreuung bleibt, nutzt sie, um sich weiter in Mathematik und Physik zu bilden. »Ich hatte gehofft, mich selbst in der Arbeit zu verlieren. Doch ich habe Angst, dass ich unfassbar dumm werde«, wird Curie in der preisgekrönten BBC-Dokumentation *Marie Curie* von 1977 zitiert. Die Betreuung der Kinder hat sich als stumpfe Arbeit herausgestellt, und sie kann längst nicht so viel lernen, wie ihr lieb ist. Beinahe verliert sie die Hoffnung, je nach Paris zu ziehen.

Doch 1891 ist es dann so weit: Aus Maria wird Marie. Der Vater hat eine neue Stelle und kann beide Töchter finanziell unterstützen. Maria Skłodowska reist vierzig Stunden im Zug nach Paris, mit einem Klappstuhl und einer Decke bepackt – in der dritten Klasse gibt es keine Sitzplätze. Sie zieht zunächst zu ihrer Schwester und deren Mann, um sogleich mit dem Studium zu beginnen – und die ersten Enttäuschungen zu erleben. »Mein Französisch ist nicht so gut, wie ich dachte«, schreibt Marie später. Um mithalten zu können, lernt sie Tag und Nacht. Freizeit? Gönnt sie sich kaum.

Nach wenigen Monaten entscheidet Marie, eine eigene Wohnung zu beziehen. Leisten kann sie sich gerade mal ein Zimmer nahe der Universität. Es bietet: keine Heizung, keine Küche, keine Haushaltshilfe. Dafür im Winter ein vereistes Waschbecken, einen unzuverlässigen Ofen, der sie zwingt, nachts in aller Kleidung zu schlafen, die sie besitzt, und eigenhändig Kohlen sechs Stockwerke hochzutragen. Zudem stehen zumeist bloß trockenes Brot, eine Tasse Schokolade, ein paar Eier und wenige Früchte auf der Speisekarte.

Der unzureichende Schlaf, das intensive Studium und die Mangelernährung lassen Curie mehrmals zusammenbrechen. An Aufgeben aber will sie nicht denken. »Von allen äußeren Einflüssen unbeeindruckt, war ich freudetrunken, zu lernen und zu verstehen«, schreibt Marie Jahre danach in ihren autobiografischen Notizen. »Es war, als ob sich eine neue Welt offenbarte, die Welt der Wissenschaft, die ich letztlich in aller Freiheit kennenlernen durfte.« Es dauert Jahre, bis sich ihr Einsatz auszahlt. Zuvor lernt sie ganz nebenbei die Liebe ihres Lebens kennen: Pierre Curie.

Ein Ehepaar verändert die Welt der Wissenschaft

An der Sprache hapert es, der Lehrstoff überfordert sie, das Geld droht ihr mehr als einmal auszugehen – und doch schafft es Marie 1893, als Klassenbeste ihren Abschluss in Physik zu machen. Ein Jahr später absolviert sie die Mathe-Prüfungen als Zweitbeste. Möglich macht das ein Stipendium für herausragende polnische Studenten.

Pierre Curie und die Kristallforschung

Pierre Curie arbeitet gerne mit Kollegen zusammen. Als er sich mit seiner Frau Marie in die Erforschung der Radioaktivität stürzt, hat sich der Wissenschaftler bereits mit seinem Bruder Jacques auf den Gebieten der Kristallografie und des Magnetismus einen Namen gemacht.

1880 untersuchen die beiden Physiker in verschiedenen Experimenten die Eigenschaften von Kristallen. Vor allem Turmalinkristalle sind wegen ihrer komplexen Struktur für sie von besonderem Interesse. Die Brüder setzen die Proben einem starken Druck aus und stellen dabei fest, dass mit steigendem Druck auf der Oberfläche der Kristalle eine elektrische Ladung entsteht. Je größer die Krafteinwirkung, desto größer die Ladung. Ein Phänomen, bekannt als der Piezoeffekt, abgeleitet vom griechischen *piezein* für »drücken«.

Der Effekt wird im Alltag häufig genutzt, etwa für Feuerzeuge: Der Druck auf den Kristall erzeugt eine Spannung von mehreren Kilovolt. Sie entlädt sich als Funke, das Gas im Feuerzeug entzündet sich. Alarmanlagen sind ein weiteres Beispiel. Hier wandeln Sensoren aus piezoelektrischen Materialien Schall in elektrische Signale um. Versucht ein Einbrecher, eine gesicherte Tür aufzubrechen, führt die Erschütterung zum Auslösen des Alarms.

Längst ist sie nicht nur unter Mitstudenten ein Gesprächsthema. Auch Professoren und Unternehmen sind auf sie aufmerksam geworden. Kurz vor ihrem Mathematik-Abschluss bekommt sie daher einen Auftrag der Gesellschaft zur Förderung der Nationalindustrie, eines Zusammenschlusses von

Industriellen in Paris. Curie soll die magnetischen Eigenschaften verschiedener Stahlsorten anhand ihrer chemischen Zusammensetzung untersuchen. Sie beginnt ihre Studien in einem Büro an der Universität, rasch stellt sich jedoch heraus, dass es nicht dafür geeignet ist. Marie sucht ein neues Labor. Sie findet Pierre Curie.

Der polnische Physiker Józef Kowalski-Wierusz (1866–1927) weiß um Maries Problem und Pierres Position in der Wissenschaft. Pierre, der als Sohn eines Pariser Arztes früh Privatunterricht bekommen hatte, mit 16 Jahren das Gymnasium abgeschlossen und nur drei Jahre später einen Physik-Abschluss an der Sorbonne gemacht hat, ist jetzt 34. Er hat sich bereits einen Namen auf dem Gebiet der Magnetismusforschung gemacht und leitet seit zwei Jahren die Schule für Physik und Chemie in Paris. Kowalski-Wierusz ist überzeugt, dass Pierre ein Labor für die geschätzte Studentin hat, und stellt die beiden auf einer Dinner-Party einander vor. »Wir begannen eine Konversation, die bald freundlich wurde. Zunächst ging es um wissenschaftliche Themen, ich war froh, ihn dazu nach seiner Meinung fragen zu können. Dann diskutierten wir soziale Themen. Trotz unserer unterschiedlichen Herkunft gab es eine überraschende Verbindung, die zweifellos auf ein vergleichbares moralisches Umfeld zurückzuführen war, in dem wir aufgewachsen sind«, erinnert sich Marie später. Pierre ist so beeindruckt von der jungen Forscherin, dass er ihr einen Raum zur Verfügung stellt.

Beide finden ihre Leidenschaft für die Wissenschaft im anderen wieder. Hatte Marie andere Männer mit ihrer Besessenheit für die Mathematik bisher oft irritiert, trifft sie damit bei Pierre auf nichts als Bewunderung. Laut Ève Curies Biografie über ihre Mutter sah er in Marie ein »Mädchen mit dem

Charakter und den Gaben eines großen Mannes«. Eines der ersten Gespräche führen die zwei über die Symmetrie von Kristallen, Pierres Forschungsfeld. Marie weiß um seine Studien, zeigt sich aber verwundert, weil der Kollege nichts darüber veröffentlicht. Pierre sei in jungen Jahren so erfolgreich gewesen, dass er alle weiteren Ambitionen verloren habe, sagt Professor Kowalski-Wierusz. Marie hat dafür kein Verständnis, und so bestärkt sie Pierre darin, endlich seinen Doktor zu machen. Stattdessen hält er um ihre Hand an.

Doch Marie will zurück nach Polen, um sich um den Vater zu kümmern und ihr Volk zu unterstützen. »Ich wünschte, wie so viele andere junge Leute aus meinem Land, zur Bewahrung unserer Nationalität beizutragen …«, notiert sie später. Pierre schreibt ihr Briefe, um sie zum Bleiben zu bewegen. Sie solle ihren Doktor an der Sorbonne machen, ihn heiraten und mit ihm die Wissenschaft in eine neue Ära führen, drängt er sie. »Dein Traum für dein Land; unser Traum für die Menschheit; unser Traum für die Wissenschaft«, schreibt er ihr in einem seiner Briefe. »Von all diesen Träumen, glaube ich, ist allein der letzte legitim.«

Als Beweis seines wissenschaftlichen Ehrgeizes publiziert er eine Studie in einem Fachjournal für Physik und hinterlässt ein Exemplar an Maries Arbeitsplatz, mit der Widmung »Für Mademosielle Skłodowska, mit Respekt und Freundschaft des Autors, P. Curie«. Und tatsächlich meldet er sich für seine Doktorprüfung an, besteht sie im März 1885 – und nimmt im Juli Marie zur Frau. Sie heiratet – ganz pragmatisch – in einem marineblauen Kleid, das sie später auch im Labor tragen kann. Die Ehe wird nicht nur das Leben der beiden verändern. Das Paar verändert die Welt.

Im Sommer 1897 schließt Marie ihre Studien für die Gesellschaft zur Förderung der Nationalindustrie ab. Mit dem Geld kann sie Teile des Stipendiums zurückzahlen und somit ihre Schulden begleichen. Doch was nun? Ihr fehlt nicht nur eine neue Forschungstätigkeit, Marie Curie ist zu diesem Zeitpunkt hochschwanger. Im September kommt Tochter Irène zur Welt und Marie entschließt sich, auf dem Gebiet der Uran-Strahlung zu forschen. Antoine Henri Becquerel (1852–1908) hatte das Phänomen 1896 entdeckt, nun wird er ihr Doktorvater. Sie wird weiter denken, als er je gedacht hat, und der Strahlung ihren noch heute gültigen Namen verleihen: Radioaktivität.

Fraglich ist bloß, wer sich um die Tochter kümmern soll. Marie möchte es nicht. Wie die persönlichen Aufzeichnungen der Familie belegen, liebt sie Irène. Doch zugleich Mutter und Forscherin zu sein ist für sie unvorstellbar. Um Irène großzuziehen, müsste sie ihre wissenschaftliche Arbeit aufgeben: »Solch ein Verzicht aber wäre sehr schmerzhaft für mich gewesen, und mein Ehemann hat nicht einmal daran gedacht; er sagte oft, er habe eine Frau, die für ihn gemacht sei, um all seine Beschäftigungen mit ihm zu teilen. Keiner von uns hatte die Absicht aufzugeben, was so wichtig für uns beide war«, erinnert sie sich.

Letztlich ermöglicht Pierres Vater seiner Schwiegertochter, der Forschung treu zu bleiben. Als seine Frau stirbt, zieht er zu den Curies und kümmert sich fortan um Irène, während die Eheleute die meiste Zeit im Labor verbringen, sofern es die Experimente erfordern. Die Elternschaft, ihre Freundschaften, die Familie – alles hatte seinen Platz im Leben der Curies, doch die Wissenschaft hatte stets Vorrang. »Es war in diesem Modus des ruhigen Lebens, angepasst an unsere Begehrlichkeiten, dass wir unsere Lebensleistung erbringen konnten.«

Radioaktive Strahlung ist unsichtbar, geruchlos, und man kann sie nicht schmecken. Erstmals entdeckt hat sie der französische Physiker Antoine Henri Becquerel, das Wort »radioaktiv« aber prägte Marie Curie.

1896 experimentiert Becquerel mit Uransalzen. Er will herausfinden, warum die Proben im Dunkeln nachleuchten, und arbeitet dazu mit fotografischen Platten. Er legt eine geringe Menge des Salzes auf eine lichtgeschützte Platte, bestrahlt sie anschließend gezielt mit Sonnenlicht, entwickelt die Platten und stellt fest: Umrisse der Probe sind erkennbar. Dann kommt der Zufall ins Spiel: Becquerel hat eine der mit Uran bestückten Platten nicht bestrahlt. Als er sie entwickelt, stellt er fest, dass auch auf dieser die Umrisse der Probe zu sehen sind. Unbeabsichtigt hat der Physiker damit die Radioaktivität entdeckt. Verstanden aber ist das Phänomen längst nicht. Auch bekommt Becquerel nur wenig Aufmerksamkeit für seine »Uran-Strahlung«. Denn ein Jahr zuvor hatte Wilhelm Conrad Röntgen ebenfalls eine neue Strahlung aufgetan. Die Röntgen-Strahlung war weit stärker und damit für die meisten Wissenschaftler interessanter.

Marie Curie aber entschließt sich, die Forschung ihres Doktorvaters Henri Becquerel fortzuführen. Während sie Ende des 19. Jahrhunderts Uran und seine damals noch rätselhaften Eigenschaften analysiert, stößt sie binnen weniger Monate auf gleich zwei neue chemische Elemente: Polonium und Radium. Beide entstehen beim Aufspalten von Uran, wenn sich der Atomkern wandelt. Die spontane Umwandlung setzt eine ionisierende Strahlung frei –

Marie Curie nennt diese Eigenschaft Radioaktivität. Für die Entdeckung der beiden bis dato unbekannten Elemente und die Beschreibung der Radioaktivität erhält sie 1903 zusammen mit Pierre Curie und Antoine Henri Becquerel den Nobelpreis für Physik.

Der Physiker Ernest Rutherford (1871–1937) erforscht wie die Curies die Eigenschaften von Uran. In Experimenten untersucht er die Eigenschaft der Strahlung und stellt im Jahr 1903 fest, dass sie sich aus drei verschiedenen Typen zusammensetzt: der Alphastrahlung, der Betastrahlung und der Gammastrahlung. Die Alphastrahlung besteht aus schweren, Betastrahlung aus leichten Teilchen. Die Gammastrahlung hingegen ähnelt der Röntgenstrahlung. Das heißt: Alpha- und Betastrahlung lassen sich gut abschirmen, Gammastrahlen aber durchdringen selbst dicke Bleischichten, wie Rutherford in seinen Versuchen beobachtet.

Der Mensch ist ständig radioaktiver Strahlung ausgesetzt. Die Maßeinheit der Strahlung ist Sievert, benannt nach dem schwedischen Mediziner und Physiker Rolf Sievert (1896–1966). In Deutschland beträgt die natürliche Dosis jährlich 2,1 Millisievert (die natürliche Strahlung kommt aus dem Weltraum, aus Gestein oder Nahrung, und sie geht von verschiedenen Elementen aus). Dieselbe Menge kommt durchschnittlich noch einmal durch medizinische Untersuchungen und Therapien hinzu. Doch erst 100 Millisievert gelten als besorgniserregende Dosis, ab der mit einem erhöhten Krebsrisiko zu rechnen ist.

Vom Röntgen bis zum Reaktorunfall

Die Maßeinheit für die Strahlendosis ist Sievert (Sv):
1 Sv = 1000 Millisievert (mSv), 1 mSv = 1000 Mikrosievert (µSv).

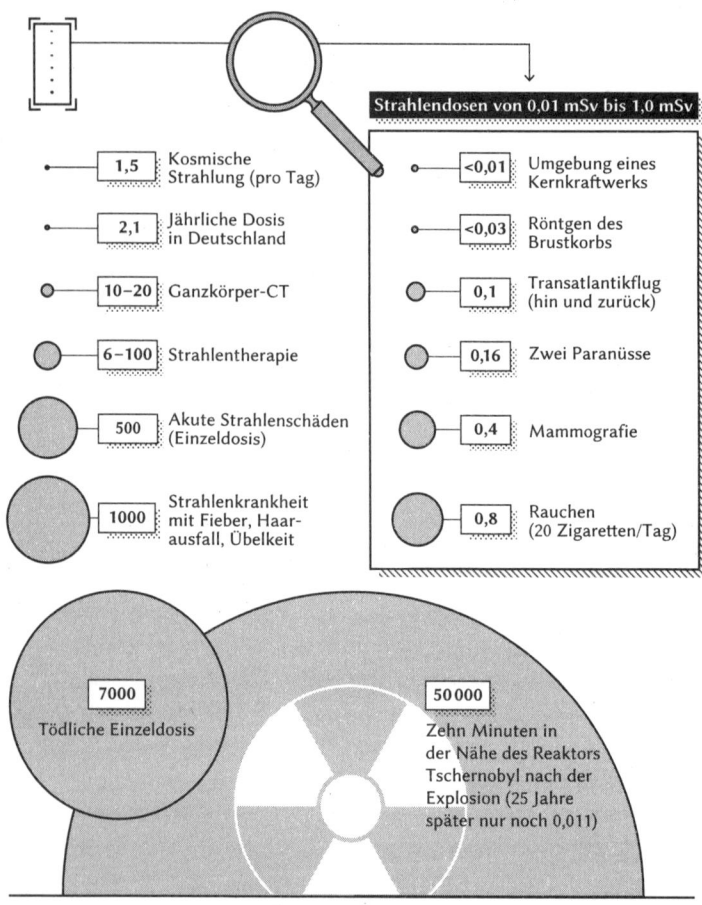

Strahlendosen von 0,01 mSv bis 1,0 mSv

| 1,5 | Kosmische Strahlung (pro Tag) |

| 2,1 | Jährliche Dosis in Deutschland |

| 10–20 | Ganzkörper-CT |

| 6–100 | Strahlentherapie |

| 500 | Akute Strahlenschäden (Einzeldosis) |

| 1000 | Strahlenkrankheit mit Fieber, Haarausfall, Übelkeit |

| <0,01 | Umgebung eines Kernkraftwerks |

| <0,03 | Röntgen des Brustkorbs |

| 0,1 | Transatlantikflug (hin und zurück) |

| 0,16 | Zwei Paranüsse |

| 0,4 | Mammografie |

| 0,8 | Rauchen (20 Zigaretten/Tag) |

| 7000 | Tödliche Einzeldosis |

| 50 000 | Zehn Minuten in der Nähe des Reaktors Tschernobyl nach der Explosion (25 Jahre später nur noch 0,011) |

Quelle: www.kernenergie.ch / Bundesamt für Strahlenschutz

Die Suche nach dem Geheimnis hinter Becquerels Strahlung beginnt gegen Ende des Jahres 1897 und wird viele Jahre beanspruchen. Für ihre Doktorarbeit erforscht Marie die Uran-Strahlung von früh bis spät. Als Labor dient eine Abstellkammer der Stadtschule. An manchen Tagen fällt das Thermometer dort auf sechs Grad Celsius, Finger und Füße der Forscherin werden taub. Das aber hält sie nicht davon ab, die Ergebnisse Becquerels in zahlreichen Experimenten zu überprüfen und zu untermauern. Im Gegensatz zu ihrem Doktorvater nutzt Marie keine fotografischen Platten. Sie setzt stattdessen auf das von ihrem Mann erfundene Curie-Elektrometer, mit dem er 15 Jahre zuvor seine magnetischen Untersuchungen durchgeführt hat. Damit lässt sich die Strahlung nicht nur feststellen, sondern sogar ihre Stärke messen.

So kann Curie Anfang 1898 guten Gewissens behaupten, Becquerels Beobachtungen allumfassend bewiesen zu haben. Die Uranstrahlung ist konstant, egal ob der Stoff als fester Klumpen oder Pulver, trocken oder nass, rein oder in einem Gemisch vorliegt. »Wenn man eine gewisse Anzahl derartiger Messungen ausführt, so sieht man, dass die Radioaktivität ein ziemlich genau messbares Phänomen ist«, wird Marie 1903 in ihrer Doktorarbeit *Untersuchungen über die radioaktiven Substanzen* schreiben. »Sie variiert wenig mit der Temperatur und wird kaum von den Schwankungen der Zimmertemperatur beeinflusst; auch eine Belichtung der aktiven Substanz ist ohne Einfluss.«

◄ Radioaktive Strahlung ist überall: im Boden, in der Luft, in Lebensmitteln. Hinzu kommt Strahlung in der Medizin oder auf Reisen. Die Grafik zeigt, wie viel Radioaktivität aus natürlichen und künstlichen Quellen ein Mensch ausgesetzt ist, und ab wann sie schadet.

Das bringt Marie zu einer revolutionären These: Das Uran scheint sich verändert zu haben und das ursprüngliche Atom in kleinere Stücke zerfallen zu sein. Da dabei Energie in Form von Strahlung freigesetzt wird, muss diese also eine Eigenschaft des Atoms sein. Ein ganz neuer Gedanke, galt das Atom damals doch als kleinstes, elementares Teilchen. Entsprechend umstritten ist ihr Ansatz, hartnäckig sucht sie nach dem Beweis. Ein weiteres Element, das wie Uran strahlt und sich ähnlich verhält, würde die These stützen. Sie findet es nach sechs Tagen: Thorium.

Sie verfasst ein Paper, um die Entdeckung an der Sorbonne öffentlich zu machen. Doch statt Ruhm erntet sie Häme. Der deutsche Physiker Gerhard Carl Schmidt (1865–1949) hatte in Berlin bereits zwei Monate zuvor Thorium festgestellt. Maries eigene Entdeckung wird auf eine Bestätigung reduziert. Ihr Eifer, Großes zu erreichen, bleibt jedoch ungebrochen. Es muss noch mehr geben! Ihren ganz persönlichen Erfolg – sie darf bloß nicht aufgeben.

Am 11. Februar 1898 beginnt Marie, alle bekannten Elemente auf die Strahlung hin zu testen. Dabei greift sie nicht nur zu einfachen Verbindungen wie Salzen und Oxiden. Auch komplexen Mineralien schenkt sie ihre Aufmerksamkeit, eine wegweisende Entscheidung. »Einige erwiesen sich als radioaktiv; es waren jene, welche Uran und Thorium enthielten; doch ihre Radioaktivität schien unnormal, weil sie weit größer war als das, was mich die von Uran und Thorium gemessenen Mengen erwarten ließen«, erklärt Marie in ihren autobiografischen Notizen. Vor allem Pechblende – im 19. Jahrhundert hauptsächlich zur Grünfärbung von Glas und Keramik verwendet – und Chalkolit sind auffällig.

Könnte es sich um Messfehler handeln? Definitiv nicht, sie prüft ihre Ergebnisse gewissenhaft und kommt stets zum selben Resultat: Was übrig bleibt, strahlt mehr, als es sollte. Die logische Schlussfolgerung: Es handelt sich um ein bislang unbekanntes chemisches Element. »Ich stellte die Hypothese auf, dass uran- und thoriumhaltige Erze in kleinen Mengen eine Substanz enthalten, die noch radioaktiver ist als Uran oder Thorium«, schreibt Curie später. »Ich hatte das verzweifelte Verlangen, diese Hypothese schnellstmöglich zu bestätigen.« Nie wieder will sie überholt werden. Dank Pierre wird es auch niemandem gelingen.

Rund einen Monat nachdem Marie mit ihrer Forschung begonnen hat, gibt er seine eigene auf und zieht zu seiner Frau ins Kabuff. Während Pierre die physikalischen Analysen übernimmt, kümmert sich Marie vor allem um die chemischen Untersuchungen. Gemeinsam wollen sie zeigen, dass auch andere Materialien die Eigenschaft von Uran haben.

»Die Resultate der Untersuchungen radioaktiver Mineralien«, schreibt sie in ihrer Dissertation, »veranlassten Herrn Curie und mich zu dem Versuche, aus der Pechblende eine neue radioaktive Substanz zu extrahieren. Als Untersuchungsmethode konnten wir uns nur der Radioaktivität selbst bedienen, da wir kein andres Merkmal der hypothetischen Substanz kannten. In folgender Weise kann man die Radioaktivität für eine derartige Untersuchung benutzen: Man misst die Aktivität eines Produkts und führt dann mit ihm eine chemische Trennung aus; man misst die Aktivität aller hierbei erhaltenen Produkte und stellt fest, ob die radioaktive Substanz völlig in einem davon geblieben ist, oder ob sie sich in irgendeinem Verhältnisse zwischen ihnen geteilt hat. Auf diese Weise hat man ein Erkennungsmittel, das in mancher Hinsicht mit der Spektralanalyse verglichen werden kann. Um vergleichbare Zahlen zu erhalten, muss man die Aktivität der Substanzen im festen und gut getrockneten Zustande untersuchen.«

Was bereits in der Theorie nicht einfach klingt, ist in der Praxis absolut kompliziert. Schon allein, weil Pechblende ein äußerst anspruchsvoller Forschungsgegenstand ist. Das Mineral ist komplex und besteht aus zahlreichen Elementen. Um darin etwas Unbekanntes zu finden, müssen Marie und ihr Mann es Stück für Stück zerlegen, vermessen und dokumentieren. Da wird mit Säure ausgefällt, der Bodensatz getrocknet und getrennt. Mehrfach. Das erfordert enorme Geduld und Präzision – beides Stärken der Curies –, aber auch profunde Kenntnisse auf dem Gebiet der Chemie. Deshalb holen sie den Chemiker Gustave Bémont (1857–1937) ins Team, der ihnen ab April 1898 assistiert.

Nach jedem entscheidenden Schritt testen Marie und Pierre die Strahlung der Überbleibsel. Wochen später wird die Plackerei belohnt: Im Juli bleibt zum wiederholten Mal eine erhöht strahlende Substanz übrig. Zwar verhält sie sich chemisch fast genauso wie Bismut, doch ist diese neue Substanz nachweislich radioaktiv. Im Dezember gelingt dem Trio mit Bariumsulfat ein zweiter Fund dieser Art.

Da beide Verbindungen keine strahlende Aktivität zeigen, wenn sie nicht aus Pechblende gewonnen, sondern direkt gekauft werden, sind die akribischen Forscher überzeugt, zwei neue radioaktive Elemente vor sich zu haben. Polonium – benannt nach Maries Heimat und im Periodensystem direkt neben Bismut – und Radium – abgeleitet vom lateinischen Wort für »Strahl« wegen seiner Radioaktivität – bestimmen sie als Bestandteil des Bariumsulfats.

Das Periodensystem der Elemente (PSE)

Die Tabelle ist die Grundlage der Chemie: In ihr finden sich alle bisher bekannten »grundlegenden, puren Substanzen, die, einzeln oder in Kombination, alles um uns herum bilden« (Naomi Pasachoff). Entwickelt hat sie der russische Chemiker Dmitri Mendeleev zwischen 1869 und 1871.

So wie die deutsche Sprache auf 26 Buchstaben basiert, liegt dem Universum eine überschaubare Zahl an Elementen zugrunde. Bekannt sind derzeit 118 davon. An erster Stelle steht Wasserstoff, kurz H, an vorläufig letzter Ununoctium (Uuo). Die Elemente sind nach Gewicht und Eigenschaften geordnet. Bis einschließlich Blei an Position 82 sind alle Elemente stabil, alle folgenden zerfallen, sind also radioaktiv. Dazu zählen etwa Uran und Thorium. Uran ist das Element, anhand dessen das Ehepaar Curie die Radioaktivität kennenlernt. Ende des 19. Jahrhunderts untersucht es seine Strahlung in unterschiedlichen Verbindungen und stellt fest: Es muss noch mehr radioaktive Elemente geben, denn etwas anderes in den Proben sendet ebenfalls Energie aus. Marie Curie bestimmt das Element Thorium – nur wenig später als der deutsche Physiker Gerhard Carl Schmidt. Im Juli 1898 postuliert das Paar die Existenz von Polonium (Po). Es zu isolieren gelingt 1902 dem Chemiker Willy Marckwald. Bei dem Versuch, Polonium nachzuweisen, stoßen die Curies am 21. Dezember 1898 auf ein weiteres bislang unbekanntes Element: Radium (Ra). In langwierigen Experimenten gelingt es ihnen, das Element zu isolieren und seine Atommasse in der Einheit u (für *unified atomic mass unit*) zu bestimmen; mit rund 226 u hat es heute die 88. Position im PSE.

Das Ehepaar veröffentlicht seine Entdeckungen in zwei Studien: In der ersten behandeln sie das unbekannte Material aus den Bismut-Proben, dann publizieren sie eine Abhandlung über die Tests mit Barium. In drei Punkten legen sie ausführlich dar, warum sich in den untersuchten Barium-Proben ein bis dahin unbekanntes Element verbergen muss. Ihre Erklärung in Kurzform:

1. Grundsätzlich ist Barium nicht radioaktiv, dennoch findet sich die Strahlung in den untersuchten Proben.

2. Je weiter sie die Substanzen zerlegen, desto stärker wird die Strahlung. Liegt sie zu Beginn beispielsweise bei dem 60-fachen der Uran-Strahlung, war es am Ende 900 Mal so viel.

3. Eine spezielle Messmethode, die Spektralanalyse, zeigt, dass die neuentdeckten Substanzen eine Linie von auffälliger Intensität und Wellenlänge erzeugen. Das Verfahren wurde wenige Jahrzehnte zuvor entwickelt und macht es möglich, auch kleinste Mengen eines Elements in einer Probe nachzuweisen. Dazu muss die Substanz in der Probe verbrannt und das entstehende Licht in seine unterschiedlichen Farben aufgespalten werden. Das Ergebnis sind charakteristische Linien, mit denen sich die unterschiedlichen Elemente klar voneinander unterscheiden lassen.

Wer vom Fach ist, erkennt rasch: Die methodische Vorgehensweise der Curies ist vorbildlich, sie formulieren ihre Thesen klar, stellen die richtigen Fragen und wählen innovative und zugleich belastbare Messverfahren. Dass Marie mit ihrem Mann zusammenarbeitet – und zudem die Unterstützung vieler weiterer Kollegen erfährt –, verleiht den Ergebnissen zusätzliche Glaubwürdigkeit.

Doch es gibt ein Problem: Die Curies können weder Polonium noch Radium direkt nachweisen. Bedeutende Wissen-

Periodensystem

Gruppe	1	2	3	4	5	6	7	8	9	10	11	12	13	14	15	16	17	18
Periode 1	1 H																	2 He
Periode 2	3 Li	4 Be											5 B	6 C	7 N	8 O	9 F	10 Ne
Periode 3	11 Na	12 Mg											13 Al	14 Si	15 P	16 S	17 Cl	18 Ar
Periode 4	19 K	20 Ca	21 Sc	22 Ti	23 V	24 Cr	25 Mn	26 Fe	27 Co	28 Ni	29 Cu	30 Zn	31 Ga	32 Ge	33 As	34 Se	35 Br	36 Kr
Periode 5	37 Rb	38 Sr	39 Y	40 Zr	41 Nb	42 Mo	43 Tc	44 Ru	45 Rh	46 Pd	47 Ag	48 Cd	49 In	50 Sn	51 Sb	52 Te	53 I	54 Xe
Periode 6	55 Cs	56 Ba	* 57-71	72 Hf	73 Ta	74 W	75 Re	76 Os	77 Ir	78 Pt	79 Au	80 Hg	81 Tl	82 Pb	83 Bi	84 Po	85 At	86 Rn
Periode 7	87 Fr	88 Ra	** 89-103	104 Rf	105 Db	106 Sg	107 Bh	108 Hs	109 Mt	110 Ds	111 Rg	112 Cn	113 Uut	114 Fl	115 Uup	116 Lv	117 Uus	118 Uuo

Radium — Polonium

*Lanthanoide

57 La	58 Ce	59 Pr	60 Nd	61 Pm	62 Sm	63 Eu	64 Gd	65 Tb	66 Dy	67 Ho	68 Er	69 Tm	70 Yb	71 Lu

**Actinoide

89 Ac	90 Th	91 Pa	92 U	93 Np	94 Pu	95 Am	96 Cm	97 Bk	98 Cf	99 Es	100 Fm	101 Md	102 No	103 Lr

schaftler wie der britische Physiker Lord Kelvin (1824–1907), deren Meinung in der Fachwelt großes Gewicht hat, zweifeln die Existenz der Elemente und damit die Theorie der Curies lautstark an. Um sie verstummen zu lassen, will das Ehepaar die Elemente isolieren, also in reiner Form gewinnen und die atomare Masse sowie die Spektrallinien exakt bestimmen. Ein schwieriges Unterfangen, das sie Jahre kosten und auch ihrer Gesundheit schweren Schaden zufügen wird.

Die Becquerel-Strahlung gibt es nicht mehr. Mit der Entdeckung von Thorium, Polonium und Radium ist klar: Nicht nur Uran strahlt, also muss ein neuer Name her. In der Publikation von 1898 nennen Marie und ihre Kollegen Elemente, die strahlen, erstmals »radio-active«.

Neuer Name, alter Ansatz: Für den Nachweis der unbekannten Elemente wählen sie erneut Pechblende. Um Polonium zu isolieren, brauchen sie mindestens eine Tonne des Minerals, besser noch mehr – so die ersten Berechnungen von Pierre. Wo aber sollen sie solch große Mengen herbekommen? Und von was bloß sollen sie das Material bezahlen?

Es ist Marie, die eine Lösung findet. Wie sie weiß, fällt im österreichischen Böhmen in der Sankt Joachimsthaler Uran-Mine massenhaft Pechblende als Abfallprodukt an. Die Entsorgung ist kostspielig. Da wäre es in den Händen der Curies doch besser aufgehoben! Die Entscheidung obliegt der österreichischen Regierung. Sie direkt anzuschreiben, traut sich Marie aber nicht, also wählt sie den Umweg über die Universität Wien. In einem Brief mit der Bitte um Unterstützung schreibt sie: »... dank unserer Forschung könnte die Joachimsthaler Fabrik von den ansonsten wertlosen Überresten profitieren«. Aus Dreck noch einen Nutzen ziehen – da kann Österreichs

Regierung nur zustimmen. Wenig später trifft säckeweise Material in Paris ein. Die erste Tonne kostenlose Pechblende. Das Problem: In der Abstellkammer, die bisher als Labor dient, ist weder genug Platz, um die Lieferung zu lagern, noch, um sie zu verarbeiten. Ein neuer Raum muss her.

Wieder können sich die Curies auf ihre Kontakte verlassen. Denn mögen Marie und Pierre in ihren Aufzeichnungen auch oft betonen, mit welch großer Eigenleistung sie ihre Forschung vorangetrieben haben: Das Ehepaar kann sich in dieser Phase stets auf die Unterstützung zahlreicher Kollegen und der Industrie verlassen. So kümmert sich die Central Chemical Products Company, die Pierres Forschungsgeräte herstellt, beispielsweise um eine erste Trennung des Minen-Abfalls. Und der Direktor der Hochschule für Industrielle Physik und Chemie, an der Pierre Curie als Laborleiter arbeitet, stellt einen Schuppen als neuen Arbeitsplatz zur Verfügung. Wo früher ein Anatomiesaal war, entsteht nun das neue, allerdings von Beginn an absolut baufällige Curie-Labor. »Das Glasdach bot keinen vollkommenen Schutz vor Regen; die Hitze war erstickend im Sommer, und die bittere Kälte des Winters war nur wenig geschmälert durch den Eisenofen, außer in seiner direkten Nähe«, erinnert sich Marie. Auch die Ausstattung lässt zu wünschen übrig. Ein paar Tische aus Pinienholz, ein paar Kessel und Gasbrenner – mehr gibt es anfangs nicht. »Wir mussten den angrenzenden Hof für unsere chemischen Prozesse nutzen, bei denen reizende Gase entstanden; trotzdem füllten sie häufig den Schuppen.«

Wer die Curies im Labor besucht, staunt nicht schlecht: Wo immer Platz ist, stehen Kolben, Reagenzgläser, Petrischalen, Schüsseln, Flaschen und Bechergläser voll Proben. Nur einen Handgriff entfernt, ungeschützt strahlend. Die tödliche Gefahr, die von dem radioaktiven Material ausgeht, ist ihnen nicht bewusst. An manchen Tagen habe sie das Mittagessen im Labor zubereiten müssen, schreibt Marie Curie in ihren autobiografischen Notizen. Sie und Pierre würden sich in dem »miserablen alten Schuppen« wohl fühlen. Eine der größten Freuden aber sei es, nachts in den Arbeitsraum zu gehen: »Dann konnten wir überall die schwach leuchtenden Silhouetten der Flaschen sehen, die unser Material enthielten.« Es sei ein wirklich schöner Anblick. »Die strahlenden Reagenzgläser sahen aus wie zarte Feenlichter.«

Pierre trägt stets ein Fläschchen Radium mit sich, stolz präsentiert er es auf Dinner-Partys. »Schauen Sie es sich an, nun schließen Sie die Augen. Und?« Selbst mit geschlossenen Augen scheint das Material sichtbar – ein Party-Kracher. Den Hautausschlag aber, der sich direkt auf Höhe der Tasche befindet, in der das Fläschchen ruht, präsentiert er nicht.

Radioaktive Strahlung kann dem Körper schaden, auch wenn Marie Curie es nicht wahrhaben will. Bis zu ihrem Tod soll sie abgestritten haben, dass ihr schlechter Gesundheitszustand auf ihre Arbeit mit strahlendem Material zurückzuführen ist. Dass weltweit reihenweise Wissenschaftler und Patienten sterben, die mit radioaktivem Material in Kontakt gekommen waren, hält sie lange Zeit für ein von einer Kampagne gegen die Radioaktivität verbreitetes Gerücht.

Tatsächlich ist verwunderlich, wie lange die Curies in ihren

Laboren arbeiten konnten. Die Strahlung, der sie jahrelang direkt ausgesetzt waren, war so intensiv, dass die Journale von Marie und Pierre noch heute in mit Blei ausgekleideten Boxen aufbewahrt werden, die die Strahlung unter Kontrolle halten. Auch viele Manuskripte sind wegen der von ihnen ausgehenden Gesundheitsgefahr unberührbar. In der Pierre-und-Marie-Curie-Sammlung der Pariser Bibliothèque Nationale dürfen zahlreiche der persönlichen Besitztümer nur mit Schutzkleidung angefasst werden.

Von einem gut ausgestatteten Labor ist der Schuppen zwar weit entfernt, doch er erfüllt seinen Zweck. Die Forschung ist Schwerstarbeit. Jahrelang schippen die Curies Gestein, schütten es in Eimer, sieben das Material und kochen es in großen Bottichen auf dem Hof, um endlich ein reines Gramm der von ihren entdeckten Elemente in den Händen zu halten. »Manchmal verbrachte ich einen ganzen Tag damit, eine kochende Masse mit einem schweren Eisenstab umzurühren, der fast so groß war wie ich selbst«, erinnert sich Marie später. An anderen Tagen hingegen habe sie sorgfältige, filigrane Arbeit leisten müssen; etwa wenn es darum ging, aus zarten Kristallen konzentriertes Radium zu gewinnen. »Ich war dann genervt von dem herumfliegenden Staub von Eisen und Kohle, vor dem ich meine wertvollen Erzeugnisse nicht schützen konnte.«

Auf der Grundlage früherer Studien hat Pierre ermittelt, dass 100 Gramm Pechblende nötig wären, um ein Gramm Polonium zu gewinnen. Ein großer Irrtum. Selbst die aus Österreich gelieferte Tonne reicht für den Nachweis nicht aus. Polonium wird sich den Curies auf ewig entziehen. 1902 aber gelingt es ihnen zumindest, ein Zehntelgramm Radium-Chlorid zu isolieren; ein Jahr darauf erhalten die Curies zusammen mit

Becquerel den Nobelpreis für Physik. »Die Substanzen existieren nur spurenhaft in Pechblende, aber sie haben eine enorme Radioaktivität, zwei Millionen mal stärker als Uran«, erklärt Pierre in seiner Preisrede. Seiner Frau sei es gelungen, das Gewicht von Radium zu bestimmen, die Atommasse betrage 225 u. Nah dran! Wie man heute weiß, liegt sie bei 226 u.

Weitere acht Jahre wird es dauern, bis Marie erstmals reines Radium gewinnt. Ein Triumph, den sie ohne ihren Mann feiern muss. Denn Pierre ist bereits seit vier Jahren tot.

Es ist Donnerstag, der 19. April 1906. In der morgendlichen Eile habe sich das Paar kaum gesehen, schreibt Tochter Ève später. Als Pierre das Haus verlässt, ruft er kurz hoch in den ersten Stock, ob Marie später ins Labor fahren würde. Er selbst ist zum Mittagessen verabredet und hätte danach Zeit. Eher nicht, ruft sie zurück, sie zieht gerade die Kinder an – »ihre Worte verloren sich in dem Lärm«. Es ist laut der Tochter das letzte, was zwischen den beiden gesprochen wurde.

Das Wetter ist schlecht, die Wege sind nass, und die Sicht ist eingeschränkt, als Pierre nach dem Mittagessen nach Hause aufbricht. »Die überfüllten Straßen in Paris ließen kaum Gegenverkehr zu, und zu dieser Stunde war der Gehweg aufgrund der vielen Fußgänger sehr schmal«, schreibt Ève. Ihr Vater sei dann oft auf der Straße gelaufen. »Er lief [...] mit dem ungleichmäßigen Schritt eines Mannes, der in Gedanken versunken ist.« Pierre entschließt sich, die Straße zu überqueren – in diesem Moment kommt eine schwerbeladene Droschke. Der Fahrer versucht noch zu bremsen, doch Pierre gerät unter den Wagen. Er ist sofort tot.

Das Gerücht verbreitet sich rasch. Damit Marie Curie die Nachricht nicht auf der Straße erfährt, informiert die Polizei die Universität: Man solle schnellstmöglich jemanden zum

Haus schicken. Am Abend erfährt Marie von dem Dekan und ihrem Schwiegervater, dass ihr Ehemann verstorben ist. Sie rührt sich nicht, »noch klagte oder weinte sie«. Tränen gestattet sie sich erst, als Pierres Bruder Stunden später eintrifft. Am Samstag wird Pierre auf dem Friedhof von Sceaux bei Paris bestattet. Wie aus den Tagebüchern bekannt ist, die Marie im folgenden Jahr führte, stürzt sie der Tod ihres Mannes in tiefe Einsamkeit und Verzweiflung.

Verhasste Ehebrecherin

Curies Aufzeichnungen wurden erst 1990 für die Öffentlichkeit zugänglich. Sie zeigen: Marie leidet sehr unter dem Verlust. »Pierre schläft seinen letzten Schlaf unter der Erde; dies ist das Ende von allem, allem, allem«, heißt es in einem Tagebucheintrag. An anderer Stelle schreibt sie, es sei ihr unmöglich, die Tiefe und Bedeutung der Krise auszudrücken, die der Verlust ihres engsten Gefährten und besten Freundes gebracht habe. »Niedergeschmettert von dem Schlag, fühlte ich mich unfähig, in die Zukunft zu blicken.« Doch sie hat noch die Worte ihres Mannes im Ohr, der häufig sagte: Auch ohne ihn müsse Marie die gemeinsame Arbeit fortführen. Zwei Tage nach der Beerdigung kehrt sie zurück ins Labor und kurz darauf in den Hörsaal – als erste Professorin der Sorbonne.

»Konzepte, die 100 Jahre lang unangefochten blieben, mussten aufgegeben werden«, sagt sie in ihrer Antrittsrede. Das Atom könne nicht weiter als unzerstörbares Teilchen gelten, Elemente nicht weiter als unveränderlich. »Es ist eine revolutionäre Veränderung des wissenschaftlichen Denkens« – die sie selbst ermöglicht hat.

Seitdem Curie eine Nobelpreisträgerin ist, schenken die Zeitungen ihr große Aufmerksamkeit. Jahrelang erscheinen regelmäßig Artikel, die zumeist die Leistungen der blonden, mittlerweile zweifachen Mutter, Ehefrau und dann tragischen Witwe geradezu heroisch darstellen. Noch im Januar 1904 schrieb Pierre an einen Freund: »Wir sind von Journalisten und Fotografen aus aller Welt verfolgt worden; sie sind so weit gegangen, ein Gespräch meiner Tochter mit ihrer Kinderfrau wiederzugeben und die schwarz-weiße Katze zu beschreiben, die wir daheim haben.«

Im Herbst 1910 jedoch ändert sich der Ton in einigen Medien. Aus der besonderen Frau wird eine Sonderbare. Für den tiefen Fall der Marie Curie sorgen gleich zwei Skandale: ihr Wunsch, Mitglied der Französischen Akademie der Wissenschaften zu werden, und die Beziehung mit dem Physiker Paul Langevin.

Als der Physiker Désiré Gernez (1834–1910) stirbt, ist ein Platz als Mitglied der Französischen Akademie der Wissenschaften zu vergeben. Curie will ihn unbedingt haben und schlägt sich selbst als Kandidatin vor. Sie ist zwar bereits Mitglied der Polnischen, Tschechischen und der Schwedischen Akademie, die Anerkennung als Teil der Wissenschaftsgemeinschaft in jenem Land aber, in dem sie sich mit ihrer preisgekrönten Forschung einen Namen gemacht hat, blieb ihr bislang verwehrt. Ein entscheidender Grund: Sie ist eine Frau. Curies Konkurrent ist Édouard Branly, Pionier der Funktechnik, vor allem aber französisch, katholisch und männlich. Dass Branly zudem nach Ansicht der französischen Kollegen bei der Vergabe des Physik-Nobelpreises 1909 übergangen wurde, spricht ebenfalls für ihn. Wer soll es also werden? Ebenso gespalten wie die Mitglieder der Akademie ist auch die Pariser

Presse. Allesamt stürzen sich die Journalisten auf die Fehde innerhalb der prestigeträchtigen Einrichtung. Während die liberalen Zeitungen sich auf Curies Seite schlagen, werben die konservativen Blätter für Branly. Gezielt bringen Journalisten etwa das Gerücht in Umlauf, Curie sei Jüdin. Zudem meinen sie, dass Marie es als Polin nicht verdient habe, in eine altehrwürdige französische Forschergesellschaft aufgenommen zu werden.

Am 23. Januar 1911 steht fest: Branly schlägt Curie mit zwei Stimmen. Stillschweigend akzeptiert sie die Niederlage und stürzt sich erneut in die Arbeit. Ihr Image aber ist erstmals nachhaltig beschädigt. Und es soll noch schlimmer kommen.

Paul Langevin war lange Jahre ein enger Freund Pierre Curies. Die beiden Männer kannten sich von der Universität, 1902 legte Langevin als 30-Jähriger bei ihm seine Doktorprüfung ab. In den folgenden Jahren verkehren die beiden Physiker in denselben Kreisen, diskutieren dieselben Phänomene – und lieben dieselbe Frau: Marie.

Im Sommer 1910 sind Marie und der vier Jahre jüngere Paul ein Paar. Curie ist da bereits seit mehreren Jahren Witwe. Langevin ist allerdings Vater von vier Kindern und mit deren Mutter noch immer verheiratet, wenn auch unglücklich. Seine Frau gilt als äußerst eifersüchtig, sie greift den Ehemann in ihrer Wut sogar mehrfach tätlich an. Eine Scheidung kommt für Langevin aber nicht in Frage, zu groß ist die Angst, seine Kinder nicht mehr sehen zu dürfen. Langevins Sohn schrieb später: »Ist es nicht ganz natürlich, dass sich diese Freundschaft, verstärkt durch eine gegenseitige Bewunderung, einige Jahre nach Pierre Curies Tod nach und nach in Leidenschaft verwandeln konnte?«

Um Ruhe vor seiner Frau zu finden, mietet Langevin eine

Wohnung nahe der Sorbonne. Marie schaut dort gelegentlich vorbei – unbemerkt, wie sie meint. Doch Langevins Frau weiß um die Affäre, sie lässt Briefe aus dem Apartment entwenden und setzt ihren Ehemann fortan unter Druck: Entweder die Beziehung endet sofort, oder sie macht alles öffentlich. Am 4. November 1911 eskaliert die Situation: »Une histoire d'amour: Madame Curie et le professeur Langevin« titelt die Zeitung *Le Journal*. Dazu bekommen die Leser ein Foto von Marie und ein Interview mit Langevins Schwiegermutter gereicht. Zwei Tage später ziehen andere große Zeitungen wie *Le Temps* oder *L'Intransigeant* mit Auszügen aus den Briefen nach. Marie und Paul bestreiten die Echtheit, doch der Schaden ist angerichtet. Jeanne Langevin steht plötzlich als arme, betrogene Ehefrau da, die um ihren geliebten Mann und die Zukunft der Familie kämpft. Marie hingegen gilt als berechnende Ehebrecherin, die, von Ruhm und Reichtum verblendet, einer Französin den Mann wegnehmen will.

Marie erfährt von dem öffentlichen Skandal auf einer Konferenz. Mit Langevin und 20 weiteren Top-Physikern diskutiert sie in Brüssel die Herausforderungen der modernen Physik, während sich die Presse daheim in Gerüchten übertrifft: Marie sei Jüdin, heißt es erneut. Sie wolle mit Jeanne eine Katholikin um ihr Glück bringen. Oder auch: Die Affäre habe bereits zu Lebzeiten Pierres begonnen, er habe sich deshalb vor die Kutsche geworfen.

Plötzlich steht Marie gesellschaftlich ganz unten. Der Tod von Pierre hat sie schwer getroffen. Die öffentlichen Anfeindungen aber, denen sie nun ausgesetzt ist, lassen sie fast zerbrechen. Ihr Haus wird täglich von einem wütenden Mob belagert. In den Zeitungen erscheinen regelmäßig Artikel, in denen gegen sie gehetzt wird. Sie muss ihr Zuhause verlassen, fürchtet um das Wohl ihrer Familie und zugleich um ihr Ansehen in der wissenschaftlichen Gesellschaft. Soll die Beziehung zu einem Mann den guten Ruf zerstören, für den sie so hart gearbeitet hat?

Tatsächlich erfreuen sich einige Kollegen an dem Leid der stets mit Skepsis beäugten Konkurrentin. Endlich ist Curie angreifbar – wenn schon nicht für ihre Arbeit, dann zumindest für ihre Verfehlungen als Frau! Zahlreiche Wissenschaftler jedoch stehen ihr bei. Sie empören sich öffentlich über die Hetzkampagne und sichern Marie ihre Unterstützung zu. Unter ihren Verteidigern ist der hochangesehene Albert Einstein, Begründer der Relativitätstheorie. Er habe ihren Geist, ihre Tatkraft und ihre Ehrlichkeit zu bewundern gelernt und schätze sich glücklich, ihre Bekanntschaft gemacht zu haben, schreibt er Curie in einem Brief: »Hochgeehrte Frau Curie, lachen Sie nicht über mich, wenn ich Ihnen schreibe, ohne Ihnen etwas Verständiges zu sagen zu haben. Aber ich bin so wütend über die niederträchtige Art, in der sich der Pöbel gegenwärtig mit Ihnen zu befassen wagt, dass ich diesem Gefühl unbedingt Ausdruck geben muss. [...] Wenn sich der Pöbel noch weiter mit Ihnen befasst, so lesen Sie einfach das Geschwätz nicht, sondern überlassen Sie das dem Reptil, für das es fabriziert ist.« Einstein ist sich sicher: Wer nicht zu den Reptilien zähle, werde sich nach wie vor freuen, »dass wir solche Persönlichkeiten wie Sie und auch Langevin unter uns haben [...]«.

Das Nobelpreiskomitee war ihm bereits zuvorgekommen: Inmitten der Krise verleiht die Jury aus Stockholm Marie den Nobelpreis für Chemie. Dieses Mal muss sie ihn mit niemandem teilen. Als erstem Menschen wird Curie damit zwei Mal die höchste Ehre der Wissenschaft zuteil. Zu ihren Lebzeiten bringen die Auszeichnungen Marie Curie indes weder Anerkennung noch Reichtum, während die Forschungsarbeit ihr erhebliche körperliche und materielle Opfer abverlangt. So endet das erste Leben der Marie Curie mit einer Flucht.

Im Herbst 1911 werden Marie die Anfeindungen zu viel, mit ihrer 14 Jahre alten Tochter Irène und der siebenjährigen Ève zieht sie zu Freunden in Paris. Doch zur Ruhe kommt sie dort nicht. Marie wird krank. Zunächst attestieren die Ärzte ihr eine Depression, dann versagen ihre Nieren. Unter einem falschen Namen verbringt die Forscherin den Januar in einer Privatklinik, im März schließlich wird sie operiert und erholt sich anschließend in einem Haus nahe Paris. Sie hat es unter ihrem Mädchennamen gemietet, niemand soll sie aufspüren.

In der Presse ist die Affäre noch immer Thema, Frankreich ist kein angenehmes Zuhause mehr. Als Marie Skłodowska reist die Nobelpreisträgerin daher im Juli nach England zu einer Freundin, Curies Töchter wohnen in der Nähe. Den gesamten Sommer über bleiben sie dort. Ihre Forschung lässt Marie in dieser Zeit für mehrere Monate ruhen – und wird sie auch nach ihrer Rückkehr zunächst nicht in alter Intensität wieder aufnehmen können.

Ihr zweites Leben beginnt nach dem Ersten Weltkrieg: Durch eine Reise in die USA wird Curie zu dem Vorbild werden, das sie noch heute für Wissenschaftlerinnen weltweit ist.

Marketing Marie – Vorbild wider Willen

Heute gilt Marie Curie als Vorzeige-Wissenschaftlerin: liebende Mutter, vorbildliche Ehefrau und zweifache Nobelpreisträgerin. Doch das Power-Frau-Image war gezielt inszeniert – und Curie in vielen Momenten selbst ein Graus.

Maßgeblich geprägt wird dieses Bild von der amerikanischen Journalistin Marie Mattingly Meloney, deren PR-Kampagne die Langevin-Affäre in Vergessenheit geraten lässt. Curies Einsatz in der Krankenpflege während des Ersten Weltkriegs dient Meloney als Vorlage, um die Selbstlosigkeit der bekannten Forscherin hervorzuheben, die durch ihre Arbeit zur Hoffnungsträgerin für viele Patienten auf der ganzen Welt geworden sei.

Im Sommer 1914 ist das Radium-Institut an der Rue Pierre Curie endlich bezugsbereit. Der Name der Forschungseinrichtung steht in Stein gemeißelt über dem Eingang. Bevor Marie es betritt, zitiert sie ehrfürchtig den französischen Chemiker Louis Pasteur (1822–1895): »Falls die Errungenschaften der Menschheit Ihr Herz berühren [...] – dann bestärke ich Sie darin, sich für diese heiligen Hallen zu interessieren, denen der ausdrucksstarke Name Laboratorien verliehen wurde. Sie sind die Tempel der Zukunft, von Wohlstand und Gesundheit. Dort wächst die Menschheit, wird stärker und besser. Dort liest sie in den Werken der Natur, Werken des Fortschritts und der vollkommenen Harmonie, während die eigenen Leistungen zu oft Barbarei, Fanatismus und Zerstörung sind.«

Ihr ganz persönlicher »Tempel der Zukunft« ist nun fertig – jahrelang hat Marie auf diesen Moment gewartet. Doch noch bevor sie ihre Forschung aufnehmen kann, ist Frankreich im Krieg mit Deutschland. Marie entschließt sich, an der Front zu helfen, mit der mittlerweile erwachsenen Tochter Irène als Assistentin und mit allen Mitteln der Wissenschaft.

»Es ist bekannt, dass die Röntgenstrahlung für Chirurgen und Doktoren extrem hilfreich ist, um die Kranken und Verwundeten zu untersuchen«, schreibt sie in ihren autobiografischen Notizen. Doch zu Beginn des Krieges sei die radiologische Versorgung noch absolut unzureichend gewesen. Nur wenige Krankenhäuser verfügten über die notwendigen Geräte, Spezialisten habe es nur in einigen großen Städten gegeben. Also richtet Marie mit Hilfe eines befreundeten Arztes und von Freiwilligen in der Region rund um Paris mehrere Stationen ein und lernt Personal in Schnellkursen an.

Allerdings stellt sie schon bald fest: Das ist nicht genug. Sie entwickelt daraufhin mit dem Roten Kreuz den weltweit ersten Röntgenwagen. »Es war ein einfacher Motorwagen, hergerichtet für den Transport eines vollständigen Röntgen-Apparats, zusammen mit einem Dynamo, der von dem Automotor betrieben wurde und den für die Produktion der Strahlung nötigen Strom erzeugte«, beschreibt Marie die Erfindung später. Der Wagen fährt auf Anfrage zu allen Krankenhäusern rund um Paris. »Es gab viele Notfälle, da die Krankenhäuser Verwundete behandelten, die transportunfähig waren.« Zwanzig dieser *petites Curies* sind im Einsatz, in 200 Stationen durchleuchten Ärzte und Krankenschwestern allein in einem Jahr mehr als eine Million Männer auf Kugeln und Schrapnell-Fragmente. Auf allen Stationen arbeiten Frauen, die Curie ausgebildet hat.

Ihrer Tochter wird die Frontarbeit eine Medaille einbringen. Marie Curie bekommt zwar keine Anerkennung von der französischen Regierung – doch die Arbeit in der Medizin ermöglicht ihr nach dem Ende des Ersten Weltkriegs ein zweites Leben. Im Jahr 1919 kehrt sie vorerst zurück ins Radium-Institut, um ihre Forschung wieder aufzunehmen. Die Routine wird allerdings nur von kurzer Dauer sein. Schon im Mai 1920 bekommt die Nobelpreisträgerin Besuch in ihrem Pariser Labor, von Meloney. Die Redakteurin des Frauenmagazins *The Delineator* hat auf der anderen Seite des Atlantiks viel über Curie gehört und möchte mit ihr ein Interview über die kommende Forschung führen. Mehrfach hat Marie bereits abgelehnt – sie mag Journalisten einfach nicht besonders.

Als Marie den ersten Nobelpreis bekommen hat, gab sie sich, wie sie später schreibt, krank, um nicht an der Verleihung teilnehmen zu müssen. Die Journalisten, die ihren Schuppen wochenlang belagerten, waren ihr ein Graus. Sie wollte in Ruhe forschen, nicht sich der Öffentlichkeit präsentieren. »Wir werden mit Briefen und Besuchen von Fotografen und Journalisten überflutet«, zitiert Ève ihre Mutter. »Man möchte irgendwo ein Loch graben, um etwas Frieden zu finden.« Die Langevin-Affäre verstärkte ihre Abneigung gegenüber der Presse noch.

Und doch wird sie in Begleitung der amerikanischen Journalistin ab 1921 durch die USA touren und schnell zur Prominenten avancieren. Der Grund für den Sinneswandel war geradezu banal: »Sie brauchte das Geld«, sagt die Historikerin Julie Des Jardins. In ihrem 2010 erschienenen Buch arbeitet sie auf, wie die Forscherin mit Hilfe der Medien zu dem gemacht wurde, was sie noch heute ist: ein Vorbild für Frauen in der Wissenschaft.

Den Kontakt zwischen Meloney und Curie hat ein gemeinsamer Freund hergestellt. Er leitet einen Brief an Marie weiter, der sie mit wenigen Worten überzeugt: »Mein Vater, der ein Mediziner war, sagte immer, es sei unmöglich, die Bedeutungslosigkeit von Menschen hochzuspielen. Doch Sie sind für mich seit zwanzig Jahren von Bedeutung, und ich möchte Sie für ein paar Minuten sehen.«

Am nächsten Morgen ist es so weit – ein Glücksfall. Denn was die Journalistin erfährt, hält sie für untragbar: Der mehrfach ausgezeichneten Wissenschaftlerin fehlt das Forschungsmaterial. Curie erzählt, dass die Forschungs- und Therapiezentren in den USA über 50 Mal so viel Radium wie sie verfügen, die Entdeckerin des Elements.

Meloneys Bestürzung ist groß. Sie hatte die bedeutenden Labors in den USA besucht – selbst das des Erfinders Thomas Alva Edison, »ein Palast«, wie Ève schreibt. »Nach solch grandiosen Einrichtungen schien das Radium-Institut, obwohl neu und auf dem modernsten Stand französischer Universitäts-Gebäude, sehr arm.« Das musste, das konnte Meloney ändern!

Betont bescheiden erwähnt Marie, dass ihr ein weiteres Gramm Radium schon genügen würde, um ihre Forschung fortzuführen. Das aber kostete damals mindestens 120 000 Dollar. Meloney beschließt, das Geld zu beschaffen. Mit ausführlichen Geschichten, einer von Curie verfassten Autobiografie und einer gut geplanten Kampagne, der »Marie Curie

Radium Campaign«, zu der auch ein Besuch von Marie in den Staaten gehört.

Curie zögert, doch Meloney wischt alle Bedenken beiseite. Eine Sorge nach der anderen, so beschreibt es Ève in einem fiktiven Dialog: »Du möchtest deine Töchter nicht zurücklassen? Sie sind auch eingeladen. Festlichkeiten ermüden dich? Wir werden die kürzesten Empfänge aufziehen. Komm! Wir werden eine schöne Reise für dich zusammenstellen.«

Marie Curie Superstar

Die Entscheidung ist gefallen. Nun muss Curie mehr werden, als sie eigentlich ist – und als sie sein will. Schon im ersten Artikel, der vor Maries Ankunft in den USA erscheint, macht Meloney sie zu einer Ikone, einer Frau, die alles erreicht hat: Ehe, Mutterschaft und Karriere. »Ihr Gesicht«, schreibt Meloney etwa in einem Porträt, »war weicher, voller, menschlicher« als die meisten. »Es spiegelte Leiden und Ruhe«, so wie »jede Linie ihres schlanken Körpers«. In Meloneys Texten wird Curie zum Idealbild der Mütterlichkeit: »aufopfernd, altruistisch, nahezu puritanisch«, sagt Des Jardins. Außerdem lässt Meloney ihre Leserinnen im ganzen Land wissen, Marie brauche das Radium, um ein Heilmittel gegen Krebs zu finden. Zwar ist Curie durchaus davon überzeugt, dass das von ihr entdeckte Element die Medizin revolutionieren kann. Aber sie hat nicht vor, die entsprechenden Studien selbst durchzuführen. Das sollen andere machen.

Dennoch ist Marie keineswegs darüber verärgert, dass Meloney die Krebsforschung in den Fokus rückt und die Forscherin als mittellos, aber engagiert darstellt. »Ich verstehe, dass die Reise für mein Institut von größtem Nutzen sein wird«, schreibt sie an Meloney. Die beiden Frauen verstehen sich gut, während ihrer USA-Reise wohnen die Curies sogar zeitweise bei Meloney. Die Forscherin und die Journalistin schätzen einander für die Hingabe an den Job und werden bis zu ihrem Lebensende enge Freundinnen bleiben.

Meloney schreibt nicht nur selbst Artikel über Marie. Sie bringt auch andere Magazine und Zeitungen in New York dazu, über die Forscherin zu berichten. Die Langevin-Affäre darf dabei allerdings nicht thematisiert werden. Nur ein Wort, und Marie würde nicht in die USA reisen oder die Reise sofort abbrechen, so die Abmachung.

Das amerikanische Volk erwartet die Ankunft der berühmten Wissenschaftlerin mit entsprechender Begeisterung. Als die 53-Jährige in Begleitung ihrer beiden Töchter im Frühjahr 1921 an Bord der *Olympic* in den Hafen von New York einläuft, stehen bereits Hunderte Menschen am Dock. »Ihre Anhänger warteten vom frühen Morgen bis zum Nachmittag, um einen Blick auf sie zu erhaschen«, berichtet die *New York Times* am nächsten Tag. Mehr als 20 Fotografen halten die Ankunft fest. Überall sind Blumen und wehen die Flaggen der Vereinigten Staaten von Amerika, Frankreichs sowie Polens. Die Menschen – viele von ihnen selbst Einwanderer – verehren Curie für ihren Nationalstolz, ihre Verbundenheit zu Polen, und lassen eine Band Musik ihres Heimatlandes spielen.

»Jede Rede, jede Bewegung der Masse, jeder Zeitungsartikel lieferte dieselbe Nachricht; noch bevor sie sie kannten, brachten die Amerikaner Mme. Curie bereits eine vergleichsweise religiöse Verehrung entgegen und hatten sie an die oberste Stelle lebender Männer und Frauen gestellt«, erinnert sich Tochter Ève. »Mme. Curie plant, dem Krebs ein Ende zu setzen«, lautet die Schlagzeile des *New York Times* Artikels am 12. Mai. Darunter heißt es: »Mütterlich aussehende Wissenschaftlerin in schwarzem Kleid dankt Amerikanern«. Meloney hat nachweislich gute Arbeit geleistet.

Curies Reaktion ist ihrem Naturell gemäß knapp, die Themen Forschung und Familie kommen dennoch nicht zu kurz: »Viele Jahre lang wollte ich Amerika besuchen, doch meine Arbeit im Labor und die Kinder ließen es nicht zu – bis jetzt. Ich freue mich, meinen Töchtern Ihr großartiges Land zu zeigen. Sie teilen meine Dankbarkeit gegenüber den amerikanischen Frauen für ihr Interesse an der Wissenschaft und meiner Arbeit. Ich möchte diese Chance nutzen, mich dem amerikanischen Volk durch die Presse erkenntlich zu zeigen.« Zahlreiche Frauen aus dem gesamten Land haben für sie binnen weniger Monate mehr als 100 000 Dollar gespendet. Das Gramm Radium ist ihr sicher, nun gilt es, sich so vielen Anhängerinnen wie möglich zu präsentieren.

»Für die amerikanischen Frauen war Curie ein Fenster in die Zukunft«, sagt Des Jardins. Erst seit knapp einem Jahr besitzen sie das volle Wahlrecht. »Sie haben plötzlich eine politische Stimme und erlangen neue Bedeutung, als berufstätige Frauen – da kommt Marie Curie als Mutter und Karrierefrau gerade recht.« Meloney habe das erkannt und zu nutzen gewusst.

Marie freut sich über die Begeisterung. Zugleich habe die Aufmerksamkeit sie geängstigt, schreibt ihre Tochter Ève. Vor allem das Drängen der Massen, um einen Blick auf sie zu erhaschen: »Sie sorgte sich, in all dem Wirbel zerquetscht zu werden.« Ein Anhänger schüttelt Marie so vehement die Hand, dass sie ihren Arm bis zum Rest der Reise in einer Schlinge tragen muss. Marie ist der ganze Rummel zu viel. »Sie litt unter der Rolle, die die Welt sie spielen sehen wollte«, schreibt

Tochter Ève. Marie habe es nicht geschafft, sich die Eigenschaften anzueignen, die anderen berühmten Menschen oft nachgesagt werden: Sie kann weder Vertrautheit und Freundlichkeit noch Ernsthaftigkeit und Bescheidenheit besonders gut vorspielen. »Sie wusste nicht, wie man berühmt ist.« Die Reise ist intensiv und anstrengend, Marie fühlt sich nicht wohl. Die Kriegsjahre haben sie gesundheitlich geschwächt. Wie Ève später schreibt, springen ihre Schwester Irène und sie oft für die Mutter ein. Wie eine Art Leibwache schütteln sie Hände, nehmen Karten und Preise entgegen und richten ihren Dank aus.

Am 18. Mai gibt es Marie zu Ehren einen Empfang in der Carnegie Hall, ausgerichtet von den Associate Collegiate Alumnea, die die Studentinnen der Nation repräsentieren. Es folgt ein Abendessen, bei dem ihr Vize-Präsident Calvin Coolidge eine Goldmedaille des National Institute of Social Sciences überreicht. Noch am selben Abend fährt sie in Begleitung von Coolidge und seiner Frau mit dem Auto nach Washington zum Weißen Haus.

Am 20. Mai 1921 folgt der Höhepunkt der Reise. Im Ostraum des Weißen Hauses versammeln sich mehr als hundert Gäste, um dem eigentlichen Anlass für Marie Curies USA-Besuch beizuwohnen: US-Präsident Warren G. Harding überreicht ihr den Schlüssel zu einem Kästchen, das ein Gramm Radium enthält – »von den Frauen Amerikas für Marie Curie«. Sie sei ihnen ein wahres Vorbild, sagt Präsident Harding in seiner Rede voller Superlative: »Wir begrüßen Sie als führende Wissenschaftlerin im Zeitalter der Wissenschaft, als Anführerin unter Frauen in einer Generation, die erlebt, wie sich Frauen langsam ihrer selbst bewusst werden. Wir begrüßen Sie als ein Beispiel für einen Sieg der Freiheit, in einer Generation, in der die Freiheit ihre eigene Krone des Ruhms gewonnen hat.«

Es macht den Eindruck, als wolle Harding die Lobreden von Meloney und ihren Journalistenkollegen noch übertreffen: »Wir erweisen Ihnen die Ehre, die Ihrer überragenden Bedeutung in Wissenschaft, Forschung und Menschenfreundlichkeit gebührt. Und mehr. Wir legen ihnen all die Liebe zu Füßen, die alle Generationen von Männern der noblen Frau schenken, der selbstlosen Ehefrau, der aufopferungsvollen Mutter. Während diese gewöhnlicheren Beziehungen des Lebens Sie nicht von den Errungenschaften auf dem Gebiet der Wissenschaft [...] abgehalten haben, trifft ebenso zu, dass der Eifer, Ehrgeiz und das unerschütterliche Streben nach einer imposanten Karriere Sie nicht an all den schlichten, aber würdigen Aufgaben hindern konnten, die jeder Frau zufallen.«

Es ist wohl nur legitim zu sagen, dass Marie Curie in den USA einen gehörigen Eindruck hinterlässt. Über-Mutter, Über-Forscherin, Über-Frau – Meloneys Werk.

Nach all den Anstrengungen gönnen sich die Curies im Anschluss an ihren Besuch in Washington etwas Freizeit. Die Familie besucht die Radium-Produktionsstätte in Pittsburgh und Minen nahe dem Grand Canyon, in denen Erze mit dem wertvollen Element abgebaut werden. Mit Freude habe Marie Curie festgestellt, dass die Arbeiter das Material auf dieselbe Weise behandelten, wie Pierre und sie es zwanzig Jahre zuvor getan hatten, schreibt die Journalistin Denise Ham in einem Artikel über Curie. Marie besucht auch jene Mine im Staat Colorado, aus der das radioaktive Geschenk stammt. Es folgen Ausflüge nach Chicago, zu den Niagara-Fällen, nach Buffalo und zum Schluss nach New Haven. Auf ihrem Weg macht sie an nahezu allen großen Universitäten der Ostküste halt, besichtigt Labore, sammelt Auszeichnungen und trifft auf bekannte Forscher oder solche, die es werden wollen.

Die Reise habe ihrer Mutter etwas bewiesen, schreibt Ève: »Ihre selbstgewählte Isolation war paradox.« Als Studentin habe sie sich hinter ihren Büchern verschanzt, als junge Forscherin schloss sie sich aus dem Jahrhundert aus und konzentrierte sich allein auf ihre Arbeit – sie habe keine andere Wahl gehabt. »Doch Mme. Curie im Alter von 55 war etwas anderes [...], sie war verantwortlich für eine neue Wissenschaft.« Die Marie Curie nach der USA-Reise sei in der Lage, allein aufgrund ihres guten Namens und durch ihre bloße Anwesenheit für den Erfolg eines Projekts zu sorgen, das ihr am Herzen liegt.

Im Sommer sind die Curies zurück in Paris. Erschöpft, aber glücklich. Im Gepäck haben sie einen absolut vorbildlichen Ruf und ein Gramm Radium. Sofort beginnen Marie und Irène mit ihrer Arbeit am Radium-Institut. Während Irène sich der Forschung widmet, übernimmt Marie die Leitung der Einrichtung. Sie findet Gefallen daran, Wissenschaftler auszubilden und Forschungsgruppen zu organisieren. Einen großen Traum aber hat sie sich nach eigener Ansicht noch nicht erfüllt: etwas Bedeutendes für ihr Heimatland zu leisten.

Ein zweites Gramm Radium für Polen

Nach dem Ende des Ersten Weltkriegs wird Polen erstmals nach mehr als 100 Jahren wieder ein unabhängiger Staat. Aus diesem Anlass soll die Nation endlich ein eigenes Radium-Institut bekommen, beschließt Marie. Gemeinsam mit ihrer Schwester Bronia arbeitet sie daran, das kostspielige Projekt umzusetzen. Die finanzielle Lage allerdings ist in Polen noch schlimmer als in Frankreich. Woher also sollen sie die nötigen Mittel bekommen? Zunächst vom Volk selbst. Marie und Bronia rufen die Bevölkerung zur Mithilfe auf, ein jeder solle einen »Ziegelstein« zum Bau kaufen. Viele folgen dem Ruf.

Das weit größere Problem stellt wieder einmal der Grundstoff ihrer Forschung dar, das Radium. Marie nutzt einen Teil der Spendengelder aus Amerika, um für ihre Kollegen in Warschau kleine Mengen Radium zu besorgen. 1928 wendet sie sich erneut an ihre gute Freundin Meloney. Sie brauche ein weiteres Gramm Radium, schreibt sie in einem Brief, und fragt, ob das amerikanische Volk wohl noch einmal helfen könne.

Aufgrund der letzten Kampagne hat Meloney im Land eine gewisse Berühmtheit erlangt. Sie ist gut vernetzt und gewillt, die Kontakte zu nutzen – nicht zuletzt ihre Bekanntschaft mit dem mittlerweile amtierenden Präsidenten Herbert Hoover. Der Ingenieur hatte 1921 im Spendenkomitee der Marie-Curie-Radium-Kampagne gesessen und lädt die Wissenschaftlerin nun nur allzu gern erneut in die USA ein. Am 30. Oktober 1929 überreicht er ihr einen Scheck in Höhe von 50 000 Dollar. Zu diesem Preis ist ein Gramm Radium inzwischen bereits zu haben.

66 Jahre auf dem Planeten – zu wenig Zeit für Curie

1932 ist es so weit: Marie reist mit ihrer Schwester nach Polen, um in Warschau das dortige Radium-Institut einzuweihen. Bronia übernimmt die Leitung der Einrichtung. Es wird das einzige Mal sein, dass die Nobelpreisträgerin das Institut besucht. Sie wird nie wieder in die Heimat zurückkehren.

Maries Gesundheit hat sich in den vergangenen Jahren stetig verschlechtert. Seit den 1920er Jahren kann sie nur noch eingeschränkt sehen, nachdem die Strahlung zu einer Trübung der Augenlinse geführt hatte. Vier Operationen sind nötig, damit sie überhaupt wieder im Labor arbeiten kann. Vollständig heilen aber lässt sich die Sehschwäche nicht mehr. Mit den Jahren kommen immer häufiger und stärker Übermüdung, Übelkeit und Kopfschmerzen hinzu. Oft braucht sie Tage, gar Wochen, um sich von den Anfällen zu erholen.

Im Mai 1934 verschlechtert sich Maries Zustand drastisch. Ève bittet vier angesehene Männer der medizinischen Fakultät um Rat – »die besten und am meisten gefeierten Doktoren Frankreichs«, wie sie schreibt. Eine halbe Stunde lang untersuchen sie die stark erschöpfte Marie. Tuberkulose, tippen sie. Doch keine Behandlung schlägt an. »Sie glaubten, ein Besuch in den Bergen würde das Fieber lindern«, schreibt Ève. Ein Irrtum. Marie geht zur Behandlung in ein Sanatorium in Sancellemoz im Osten Frankreichs. Sie wird es nicht mehr lebend verlassen.

Am 4. Juli stirbt Marie im Alter von 66 Jahren. Ursache sei »eine aplastische perniziöse Anämie mit sich schnell entwickelndem Fieber«, berichtet der Leiter der Einrichtung später. Eine besondere Variante der Blutarmut also, bei der das Blut aufgrund einer Schädigung des Knochenmarks und eines Vitamin-B12-Mangels nicht genügend lebensnotwendigen Sauerstoff durch den Körper transportieren kann. Normalerweise ist diese Form gut zu behandeln. »Das Knochenmark aber hat nicht reagiert, wahrscheinlich weil es von der Strahlung zu stark angegriffen war.« Ein anderer Arzt notiert: »Mme. Curie kann als eines der Opfer der radioaktiven Substanzen gezählt werden, die sie und ihr Mann entdeckt haben.«

Marie Curie hat für ihre Forschung gelebt. Und sie ist für sie gestorben. Am 6. Juli wird sie ohne Reden und Feierlichkeiten bei ihrem Mann in Sceaux bestattet.

Das Radium-Institut hat derweil Weltruhm erlangt. Zwischen 1919 und 1934 veröffentlichten die Angestellten 483 Arbeiten, darunter 31 Studien und Bücher von Curie selbst. Bis zum Ende ihres Lebens hatte Marie Curie daran gearbeitet, die Elemente Polonium und Actinium zu isolieren, zu konzentrieren und aufzureinigen.

Unmittelbar nach ihrem Tod bekommt sie für ihre Leistungen weltweit Anerkennung. »Mme. Curie behielt ihren Enthusiasmus für die Wissenschaft ihr ganzes Leben bei. Sie war eine unermüdliche Arbeiterin und niemals glücklicher, als wenn sie wissenschaftliche Probleme mit ihren Freunden diskutieren konnte«, erinnert sich Ernest Rutherford im angesehenen Fachmagazin *Nature* 1934 an seine kürzlich verstorbene Freundin und Kollegin. Alle ihre Publikationen hätten sich nicht nur durch Genauigkeit ausgezeichnet, sondern ebenfalls ihre bemerkenswerte Stärke gezeigt, die Ergebnisse zu interpretieren. »Ruhig, würdevoll und bescheiden, wurde sie von den männlichen Kollegen in aller Welt hoch angesehen und bewundert.« Mit Madame Curie sei eine Frau gegangen, die man für ihren »feinen Charakter« vermissen wird, und eine Persönlichkeit, die mit ihren Entdeckungen »zum Wohl der Menschheit« beigetragen hat.

Höhepunkt der Karriere –
Die Nobelpreise und was aus der
ausgezeichneten Forschung entstand

Mit Curies Forschung beginnt ein neues Zeitalter. Das Verständnis der Radioaktivität, die Möglichkeit, radioaktive Elemente zu isolieren und zu analysieren, verändert die Gesellschaft maßgeblich. Die Volkskrankheit Krebs scheint mit einem Mal besiegbar und mit der Kernenergie eine neue, saubere, schier unerschöpfliche Energiequelle gefunden.

Welchen Fortschritt die Curies mit ihrer Forschung ermöglichen, hat das Physik-Nobelpreiskomitee 1903 erkannt. Für die Entdeckung der Radioaktivität erhalten Marie und Pierre damals gemeinsam mit Henri Becquerel die höchste Auszeichnung der Wissenschaft. Die Jurymitglieder ahnen zugleich, dass von der Forschergemeinschaft an der Sorbonne noch mehr zu erwarten ist.

So ist es eine bewusste Entscheidung der Jury, die Entdeckung von Polonium und Radium 1903 bei der Auszeichnung nicht zu berücksichtigen. Noch gibt es Zweifel an deren Existenz. Zudem wären zwei neue Elemente wohl eher eines Preises der Chemie würdig denn der Physik, so die Auffassung

Die Nobelpreise – eine Auszeichnung für alte Männer

Mit seinem Testament vom 27. November 1895 begründet Alfred Nobel (1833–1896) eine Tradition. Der Forscher und Großindustrielle vermacht den Großteil seines Vermögens einer Stiftung. Sie soll herausragende Forschung in den Bereichen Physik, Chemie, Physiologie oder Medizin, Literatur und Frieden prämieren – die Grundlage für die Nobelpreise ist geschaffen.

Seit 1901 vergibt das Nobelkomitee in Stockholm diese höchste Auszeichnung der Wissenschaft. Die Gewinner erhalten eine Medaille, eine Urkunde und umgerechnet rund 857 000 Euro Preisgeld. Traditionell werden jedes Jahr im Oktober zunächst die Geehrten in der Kategorie Medizin bekanntgegeben, gefolgt von denen in den Bereichen Physik, Chemie, Literatur und Frieden. Auch der erst 1968 gestiftete Wirtschaftsnobelpreis (eigentlich »Alfred-Nobel-Gedächtnispreis für Wirtschaftswissenschaften«) wird in diesem Rahmen verliehen.

Bis Ende 2016 ehrten die Jurys mehr als 900 Forscher, Organisationen und Schriftsteller. Nur 49 Preise gingen an Frauen, darunter wiederum sind nur 17, die den Preis für Entdeckungen auf einem naturwissenschaftlichen Gebiet erhalten haben. Das Durchschnittsalter aller Medaillenträger liegt bei 59 Jahren.

Marie Curie ist die einzige Wissenschaftlerin, die zwei Mal mit einem Preis ausgezeichnet wurde. Zudem sind die Curies nur eines von fünf Ehepaaren, die das Komitee für ihre gemeinsame Forschung gewürdigt hat. Zu der kleinen Gruppe gehören auch Tochter Irène und ihr Mann Frédéric Joliot. Weiterhin einzigartig: Kein anderes Mutter-Tochter-Gespann ist bislang Nobelpreisträger.

der Jury. Stattdessen hebt das Komitee hervor, mit welcher Inbrunst, Finesse und beeindruckenden Bilanz das Ehepaar die Radioaktivität ihrer Geheimnisse beraubt hat.

»Die Forschungen von Becquerel und M. und Mme. Curie sind eng miteinander verbunden; Letztere haben natürlich zusammengearbeitet. Die Royal Academy of Sciences hielt es nicht für recht, zwischen diesen hervorragenden Forschern zu unterscheiden, als es darum ging, die Entdeckung der spontanen Radioaktivität mit einem Nobelpreis auszuzeichnen«, betont Henrik Ragnar Törnebladh, Präsident der Königlich Schwedischen Akademie der Wissenschaft, in seiner Rede am Tag der Preisverleihung. Daher habe man es nur als rechtens erachtet, den Physik-Nobelpreis 1903 zur Hälfte an Henri Becquerel für die Entdeckung der spontanen Radioaktivität zu verleihen und zur anderen Hälfte an Pierre und Marie Curie für ihre große Leistung, mit der sie die von Becquerel zuerst entdeckte Strahlung bewiesen haben.

Um diese Ehre wäre Marie allerdings fast gebracht worden. Denn als die Französische Akademie der Wissenschaften Forscher für den Physik-Nobelpreis vorschlägt, nominiert sie zwar Becquerel und Pierre, nicht aber Marie. Es ist dem Mathematiker Gösta Mittag-Leffler zu verdanken, dass »Madame Curie« den Weg in die Lobesrede fand. Der Schwede war bekannt dafür, sich für Wissenschaftlerinnen zu engagieren. Als Mitglied des Nominierungskomitees wusste Mittag-Leffler um den Missstand und setzte Pierre davon in Kenntnis. Dieser betonte in seinem Antwortbrief, welch Hohn es wäre, seine Frau nicht auszuzeichnen, sollte der Preis für die Erforschung der Radioaktivität vergeben werden. Pierre Curie lässt Beziehungen spielen, und letztlich steht Marie ebenfalls auf der Liste.

Weder Pierre noch Marie nehmen an der Preisverleihung im

Dezember teil. Sie sind zu beschäftigt, um nach Stockholm zu reisen. Eine Rede müssen sie dennoch verfassen. Darin lässt es Pierre sich nicht nehmen, die Eigenleistungen seiner Frau zu betonen und von der Zusammenarbeit abzugrenzen.

Am 7. November 1911 ist es so weit: Marie Curie bekommt den Nobelpreis für Chemie ausdrücklich für ihre Entdeckung von Radium und Polonium und die Untersuchungen, die sie zu den beiden Elementen durchgeführt hat. Ein Jahr zuvor war es ihr gelungen, eine Probe aus 20 Milligramm reinstem metallischen Radium herzustellen. Als Anerkennung dieser Leistung wird die Einheit für radioaktive Strahlung fortan als Curie bezeichnet; gemeint ist die Menge Strahlung, die von einem Gramm des Elements pro Sekunde ausgeht. Bis 1985 ist die Bezeichnung gebräuchlich. Dann wird sie offiziell durch die Einheit Becquerel ersetzt.

Wegen der Langevin-Affäre legt die Königlich Schwedische Akademie der Wissenschaften Curie allerdings nahe, doch besser nicht zur Verleihung zu erscheinen. Der König könne einer Ehebrecherin wohl kaum die Hand schütteln. Marie fährt dennoch nach Stockholm. Warum, erklärt sie kurz und knapp in einem Brief an die Akademie, aus dem der Journalist Tom Wilkie in seinem Artikel »The Secret Sex Life of Marie Curie« zitiert: »Der Preis zeichnet die Entdeckung von Radium und Polonium aus. Ich denke, es gibt keine Verbindung zwischen meiner wissenschaftlichen Arbeit und den Fakten des Privatlebens. Ich kann nicht akzeptieren ..., dass die Anerkennung der Bedeutung wissenschaftlicher Arbeit beeinflusst wird von Verleumdungen und Beleidigungen im Privatleben.«

Und tatsächlich wahren alle Redner, die Preisträger und auch die Königsfamilie den Anstand.

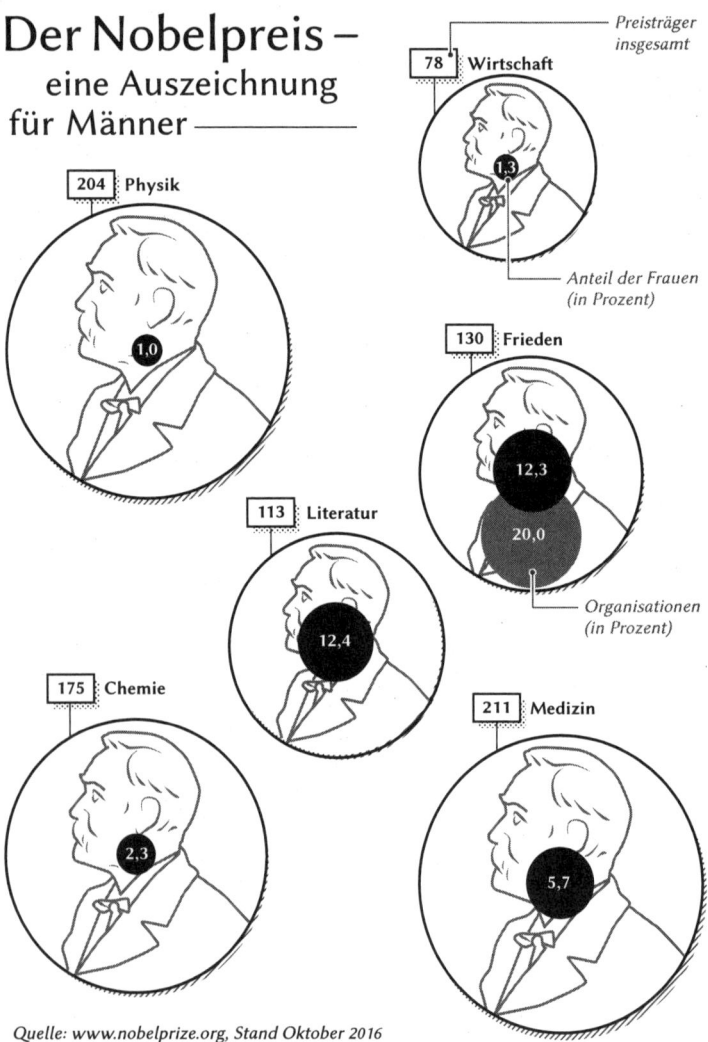

Der Nobelpreis –
eine Auszeichnung für Männer

204 Physik
1,0

78 Wirtschaft
1,3

Preisträger insgesamt

Anteil der Frauen (in Prozent)

130 Frieden
12,3
20,0

Organisationen (in Prozent)

113 Literatur
12,4

175 Chemie
2,3

211 Medizin
5,7

Quelle: www.nobelprize.org, Stand Oktober 2016

Wie schon ihr Mann elf Jahre zuvor lässt es sich Marie in ihrer Dankesrede nicht nehmen, ihrem Partner größte Anerkennung und Dankbarkeit zu zeigen: »Die chemische Arbeit, Radium als reines Salz zu isolieren und als neues Element zu beschreiben, habe ich durchgeführt, doch sie ist eng verbunden mit unserer gemeinsamen Leistung.« Es sei daher nur angemessen, mit ihrer Auszeichnung Pierre Curie die Ehre zu erweisen. Nie solle vergessen werden, wie sie gemeinsam die Wissenschaft und damit die Welt revolutioniert haben.

Heilen mit Strahlung

Anfang des 20. Jahrhunderts ist Radium äußerst gefragt, aber teuer. Denn die Herstellung ist anspruchsvoll. 1904 gründet der Industriechemiker Arte de Lisle in der Nähe von Paris die erste Radium-Fabrik, in der er ausschließlich Radiumsalze produzieren lässt. Dazu muss zunächst das Uran aus Pechblende entfernt werden. Aus den Überresten gilt es anschließend, Radiumbromid zu gewinnen. Dafür sind große Mengen Material nötig: Zirka fünf Tonnen Chemikalien und 50 Tonnen Wasser braucht es, um ein bis zwei Milligramm Radiumbromid aus einer Tonne vorgereinigter Pechblende herzustellen. Insgesamt dauert es Monate, um das Salz zu isolieren.

Wie mühselig die Gewinnung des Radiums ist, wissen die Curies selbst am besten. Ihre engsten Mitarbeiter arbeiten in den Fabriken und verfeinern das Verfahren. In den kommenden Jahren entstehen weitere Unternehmen, oft stellen sie Forscherkollegen von Pierre und Marie an, was sowohl den jungen Wissenschaftlern als auch den Curies nützt: Die Curies haben stets Zugang zu frischem Radium für ihre Experimente, und ihre Assistenten bekommen endlich Geld für ihr Tun. Die finanziellen Mittel der Universität reichen nicht, um alle Mitarbeiter der Curies zu bezahlen, und ein Drittel von ihnen forscht unbezahlt an der Hochschule.

Radium ist neu und aufregend. Vor allem sein Leuchten begeistert längst nicht nur Forscher, sondern auch die Öffentlichkeit. Also was damit anfangen? Den Ideen scheinen keine Grenzen gesetzt: Künstler bringen Radium auf Leinwand, mit Radium versetztes Wasser landet als »flüssiger Sonnenschein« in den Läden, und mancher regt gar an, es in Hühnerfutter zu mischen. Das Ziel: hartgekochte Eier direkt aus dem Stall, wie Catherine Caufield in ihrem Buch *Das strahlende Zeitalter* 1994 beschreibt. Zudem gilt Radium als Allheilmittel. Ärzte behandeln damit zahlreiche Krankheiten vom Herzleiden bis zur Impotenz. In Sankt Joachimsthal in Böhmen – von dort hatten die Curies die erste Tonne Pechblende bekommen – eröffnet 1906 das erste Radiumsol-Heilbad der Welt.

Zufriedenstellend erforscht sind allerdings zu diesem Zeitpunkt weder der wissenschaftliche Nutzen noch das Risiko des radioaktiven Metalls. Dabei erleben die Curies am eigenen Leib, wie gefährlich Radium für die Gesundheit sein kann. Wahrhaben aber wollen sie das anscheinend nicht. In der Biografie über ihren Ehemann erinnert sich Marie, dass er aufgrund seiner hohen Arbeitsbelastung »unter akuten Schmerzattacken [litt], die während seiner Überforderung immer öfter auftraten«. Marie stellt also keine Verbindung zwischen den Symptomen und den radioaktiven Stoffen her, mit denen sie arbeiten. Auch ihren eigenen starken Gewichtsverlust und die schmerzenden Fingerspitzen führt sie nicht darauf zurück. Ebenso wenig die Fehlgeburt im Jahr 1903. Zu viel Arbeit sei schuld an allem, nicht zuletzt an dem schrecklichen Verlust, lautet ihr Urteil.

Pierre immerhin ahnt einen Zusammenhang. Er beginnt mit ersten Versuchen über die biologische Wirksamkeit von Radium und gibt weitere Experimente in Auftrag. Dafür stellt er sogar kleine Mengen des Elements bereit. Mehrere Forschergruppen widmen sich der Frage, die Proben für die ersten Experimente stammen allesamt aus dem Labor der Curies.

»Dass Marie die mögliche Verbindung zwischen der Radioaktivität und ihrer sich verschlechternden Gesundheit nicht sehen wollte, ist umso rätselhafter, weil sie von Pierres Studien über die Effekte von Radium auf lebendige Organismen wusste«, schreibt die amerikanische Wissenschaftshistorikerin Naomi Pasachoff. Die Verwunderung der Autorin ist nachvollziehbar. Wollte Marie womöglich den Ruf ihres Lebenswerks gewahrt wissen? Zu diesem Schluss jedenfalls kommt die BBC in einer Dokumentation über Marie Curie aus dem Jahr 1977.

Fakt ist: Nachdem zwei deutsche Wissenschaftler veröffentlicht haben, dass radioaktive Substanzen Gewebe nachweislich schädigen können, verbrennt Pierre sich absichtlich den Arm, indem er ihn stundenlang Radium aussetzt. Es wird Monate dauern, bis die Verletzung heilt. Statt die Gefahren, die von dem Material ausgehen, anzuerkennen, kommt Pierre zu einem ganz anderen Schluss: Radioaktivität könnte gezielt Zellen abtöten – und Ärzte mit Radium Krebsleiden behandeln.

Zuletzt hatte die Röntgenstrahlung die Hoffnung geschürt, alle Krebsarten heilen zu können. Sie dringt jedoch nicht weit genug in den Körper, um tiefliegende Tumore anzugreifen. 1901 hat Pierre deshalb die Idee, das Radium näher zum Krebsherd zu bringen, sprich eine Strahlenquelle in den Tumor einzuführen. Auf dieselbe Idee kommt zwei Jahre später der Brite Alexander Graham Bell. 1903 schreibt er in einem Brief an einen ihm bekannten Mediziner, es gebe keinen Grund, warum man nicht »ein kleines Stückchen Radium in einer feinen Glasröhre im Herz des Krebses« platzieren sollte, damit die Substanz diesen direkt angreift.

Weltweit stürzen sich Forscher auf den neuen Ansatz. »Die Ergebnisse waren sofort vielversprechend, so dass sich der neue Zweig medizinischer Forschung namens Radiumtherapie schnell entwickelt«, schreibt Marie in ihren Notizen. Zunächst in Frankreich, später in anderen Ländern, entstehen Unternehmen, die große Mengen Radium für die Behandlungsmethode produzieren. Zu Ehren ihrer Entdecker heißt diese in Frankreich Curie-Therapie, während sie weltweit als Radiumtherapie bekannt wird.

Bis 1920 erreicht die Radiumtherapie ihren Höhepunkt. Doch zu diesem Zeitpunkt ist auch klar: Radium kann Krebs nicht nur heilen, es kann ihn ebenso verursachen. Vor allem Ärzte und Krankenschwestern gehören zu den neuen Patienten. So nutzen viele Radiologen jahrelang ihren ungeschützten Arm, um die Strahlenstärke der Radiumtherapie-Maschinen zu testen. Führten sie zu rosafarbenen Hautausschlägen, die wie ein Sonnenbrand aussahen, ging man davon aus, die richtige Tages-Dosis gefunden zu haben. Eine große Portion Strahlung pro Tag – da ist es mit dem heutigen Wissen nur logisch, dass viele der behandelnden Mediziner selbst an Krebs erkrankten.

Trotz der gesundheitlichen Risiken steht Marie Curie öffentlich für ihr Mittel ein: »Radium ist ein Heilmittel gegen Krebs«, sagt sie 1921 Reportern der *New York Times*. Es habe »bereits alle möglichen Arten geheilt, sogar tiefsitzende Fälle«. Als man sie darauf hinweist, es gebe eine Diskussion über die Anwendung in der Medizin, antwortet sie: »Wenn es korrekt angewendet wird, bringt es Heilung. Die, die gescheitert sind, haben die Methode nicht verstanden.«

Das grundsätzliche Problem der Zeit: Der Risiken der Strahlung ist man sich noch immer nicht bewusst. Während Forscher nach Beweisen suchen, sterben nicht nur in der Medizin, sondern auch in anderen Branchen Menschen, weil sie in ihrem Beruf ständig mit radioaktiven Materialien hantieren. Ein Beispiel sind die *Radium Girls*, Angestellte der US Radium Corporation, die Zifferblätter von Uhren mit radioaktiver Farbe bestreichen, damit diese im Dunkeln leuchten. Ihre Kiefer werden mit der Zeit porös, weil im Knochen Krebs wuchert, wie heute bekannt ist. Damals aber streitet der Arbeitgeber eine direkte Verbindung zwischen seinem Produkt und den Symptomen ab. Fünf Frauen verklagen die Firma auf Schmerzensgeld – der Prozess endet im Frühjahr 1928 mit einem Vergleich. Jede von ihnen bekommt 10 000 US-Dollar, 600 US-Dollar monatlich kommen als lebenslange Rente hinzu. Ausgaben für Anwälte und Ärzte übernimmt die Corporation ebenfalls. An den Folgen der Krankheit aber sterben geschätzt mindestens 100 Arbeiterinnen.

Im selben Jahr schließlich wird das Internationale Komitee zum Schutz vor Röntgenstrahlung und Radium gegründet, heute ICRP (International Commission on Radiological Protection). Es soll offizielle Empfehlungen für den Umgang mit radioaktiven Stoffen erarbeiten. Doch noch Jahre danach gibt es Radium-Produkte auf dem Markt. Die Kosmetik-Reihe »Thoradia« beispielsweise wirbt in den 1930er Jahren in Frankreich mit dem radioaktiven Element in Cremes, Puder und Zahnpasta, die den Körper angeblich jünger, frischer und gesünder machen.

Auch am Radium-Institut hantieren die Mitarbeiter weiter

sorglos mit dem Material, wie Veronique Greenwood 2014 in einem Artikel des *New York Times Magazines* zeigt. Da gibt es die Laborassistentin, die radioaktive Substanzen jeden Tag mit einem Wägelchen aus einem Tresor holt, das nur unzureichend mit Bleigestein geschützt ist; die Frau stirbt später an den Folgen der Strahlung, wie so viele andere Angestellte. »Ihre Lungen, Hände und Knochen fallen auseinander. Die Daumen, Zeigefinger und Ringfinger der linken Hand waren vor allem gefährdet, weil sie den radioaktiven Substanzen, die ohne Handschuhe von einer Flasche in die andere geschüttet wurden, besonders ausgesetzt waren.« Doch hinter der gesundheitsgefährdenden Arbeitsweise steckte mehr als Unwissen, wie eine weitere Anekdote zeigt: Bryce DeWitt, der Ehemann und Kollege von Cecile DeWitt-Morette, einer Physikerin, die in den 1940er Jahren an dem Institut arbeitete, berichtet, dass Irène Joliot-Curie »dazu neigte zu behaupten, jeder, der sich über ein Strahlenrisiko sorge, sei kein passionierter Wissenschaftler«. Der Artikel erwähnt Fotos von Irène, auf denen zu sehen ist, wie sie mit dem Mund eine Flüssigkeit in einem Glasröhrchen hochsaugt, um es von einem Gefäß ins nächste zu übertragen. Es soll sich um Polonium gehandelt haben. Erst im Februar 1941 werden endgültig Grenzwerte für die Arbeit mit Radium festgelegt.

Die Curie-Therapie entwickeln Mediziner währenddessen weiter – heute gehört sie zum Standard. Allerdings in deutlich abgewandelter Form. So stehen Ärzten mittlerweile entscheidend verbesserte Instrumente und Strahlenquellen zur Verfügung: »Bei der klassischen Methode wurden radioaktive Platten oder Drähte auf den Tumor aufgelegt oder in ihn hineingebohrt«, erklärt der Radioonkologe Frederik Wenz von der Universitätsmedizin Mannheim. Der Arzt habe daher direkten Kontakt mit dem radioaktiven Material gehabt. »Heutzutage ist die radioaktive Quelle in einem abgeschirmten Tresor und fährt erst in die Schläuche im Patienten, wenn der Arzt den Raum verlassen hat.« Die Strahlung stelle somit für den Mediziner keine Gefahr mehr dar.

Ein solches Nachlade-System, auch Afterloading-Verfahren genannt, wird erstmals Mitte der 1980er Jahre patentiert. »Die Entwicklung ist der entscheidende Schritt von der Curie-Methode zur Brachytherapie, wie die Behandlung heute heißt«, sagt Wenz. Die Methode gilt in vielen Ländern als Standard, um Prostata- oder Gebärmutterhalskrebs zu behandeln. Die Bestrahlung erfolgt entweder wenige Minuten lang oder über Wochen und Monate, in letzterem Fall ist die Strahlendosis geringer als im ersten. »Bei der permanenten Brachytherapie werden kleine radioaktive Stäbchen in das Zielvolumen eingebracht, welche dann dort verbleiben«, sagt Wenz. Die Stäbchen sind in etwa so klein wie ein Reiskorn.

Andere Radium-Mittel bekommen Krebspatienten direkt gespritzt. Seit wenigen Jahren ist in den USA und Europa beispielsweise ein Medikament zugelassen, das auf einem Isotop basiert, Radium 233. Ärzte nutzen es, wenn der Prostatakrebs bei einem Patienten in die Knochen gestreut hat. Da Radium vom Körper wie Kalzium behandelt wird, gelangt das Metall über das Blut in den Knochen, wo es sich bevorzugt in den bösartigen Wucherungen anreichert. Die Strahlung zerstört die kranken Zellen und so den Krebs, ohne zu viele gesunde Zellen abzutöten.

Daneben steht Ärzten heute noch eine Vielzahl weiterer Radium-Behandlungen zur Verfügung. Dazu zählen etwa die Externe Strahlentherapie, vor allem geeignet, um große Tumore zu behandeln, oder die Stereotaktische Bestrahlung, bei der eine klar abgrenzbare Region, etwa ein Tumor, hochdosiert bestrahlt wird. Auf Letztere setzen Ärzte beispielsweise, wenn ein Patient eine kleine Wucherung im Gehirn hat. Letztlich entscheiden Arzt und Patient gemeinsam anhand vieler Faktoren – Art des Tumors, Größe, Lage und Ähnliches –, welche Therapie geeignet ist.

Die Kernenergie führt in ein neues Zeitalter

Die Curies sind stolz auf ihre Entdeckungen. Sie hatten es sich zum Lebensziel gemacht, mit ihrer Wissenschaft die Welt zu verändern. Ihre Entdeckungen zur Radioaktivität haben das Potential dazu, da sind sich schon zu Beginn des 20. Jahrhunderts alle einig. Ob die Möglichkeiten der Strahlung die Welt aber *verbessern*, darüber muss noch entschieden werden. Pierre und Marie sind sich dessen bewusst.

»Es ist denkbar, dass Radium [...] sehr gefährlich werden könnte«, betont Pierre Curie am Ende seiner Nobelpreisrede. Man könne die Frage aufwerfen, ob die Menschheit bereit sei, von den Geheimnissen der Natur zu profitieren. Nobels eigene Entdeckungen seien beispielhaft dafür: »Starke Sprengstoffe haben Menschen großartige Leistungen ermöglicht. Gleichzeitig sind sie schreckliche Werkzeuge der Vernichtung in den Händen großer Krimineller, die Völker in den Krieg führen.« Doch: Wie Nobel sei er davon überzeugt, dass die Menschheit mehr Gutes als Schaden aus den neuen Entdeckungen ziehen werde.

Für die medizinischen Fortschritte, die die Radioaktivität ermöglicht hat, ist das unbestritten. Die Kernenergie aber ist bis heute umstritten. Auch weil der Weg zur friedlichen Nutzung der Atomenergie über die Entwicklung von Massenvernichtungswaffen führte.

Atome sind massiv und damit unteilbar – diese Ansicht galt bis Ende des 19. Jahrhunderts. Dann aber gelang es dem britischen Physiker Joseph Thomson, Elektronen aus einem Atom herauszuschlagen. Sollte selbst noch ein Atom aus mehreren Teilen bestehen? Die Arbeit der Curies bestätigte diese Vermutung. »Wenn wir annehmen, dass die Radioaktivität ein Phänomen ist, das dem Wandel des Atoms entspringt, kann davon abgeleitet werden, dass jede radioaktive Substanz diese Transformation unterläuft, auch wenn sie uns unwandelbar erscheint«, wird Marie in ihrer Nobelpreisrede sagen. In diesem Fall sei die Umwandlung nur sehr langsam.

Als Ernest Rutherford feststellt, dass Uran und andere schwere Elemente drei Arten von Strahlung abgeben, müssen Physiker ihre Vorstellung vom Aufbau der Elemente endgültig grundlegend überdenken. Rutherford entwirft als Erstes ein neues, brauchbares Modell. Das Atom besteht demnach aus einem positiv geladenen Kern, der die gesamte Masse enthält, sowie darum kreisenden Elektronen. Das Problem: Ein Atom, wie Rutherford es postuliert, dürfte nach den damaligen Kenntnissen nicht stabil sein. Der Physiker Niels Bohr ist es schließlich, der 1913 die Idee maßgeblich verfeinert. Das Atom ist fortan eine komplexe Struktur, in der verschiedene energetische Vorgänge ablaufen. Die Quantenmechanik liefert später die Begründung.

Die neue Struktur bietet Forschern bislang nicht gekannte Möglichkeiten. Sollte es möglich sein, das Atom gezielt zu zerlegen, seinen Kern zu spalten und dabei ein hohes Maß an Energie freizusetzen, wie die Curies dies bei dem natürlichen Zerfall von Uran festgestellt hatten?

1932 entdeckt der Physiker James Chadwick das perfekte Werkzeug dafür, das Neutron. Zwei Jahre später beschießt sein Kollege Enrico Fermi Uran-Atome mit den Teilchen, und ungefähr zur selben Zeit gelingt es Irène Joliot-Curie und ihrem Ehemann erstmals, künstliche Radioaktivität zu erzeugen. Aber erst 1938 schaffen es Lise Meitner, Otto Hahn und Fritz Straßmann, die Kernspaltung nachzuweisen – ein neues Zeitalter beginnt. Hahn bekommt dafür sieben Jahre später den Nobelpreis.

Während der Spaltung setzt das Uran-Atom Energie frei, zugleich werden weitere Neutronen aus dem Atomgerüst herausgeschlagen, die wiederum die Kerne anderer Uran-Atome spalten. Eine Kettenreaktion, bei der enorme Kraft freigesetzt wird.

In seiner Dankesrede in Stockholm warnt Hahn 1945 vor den Konsequenzen dieser Entdeckung: »Die Energie nuklearer Reaktionen wurde in die Hände der Menschheit gelegt. Wird sie genutzt [...] werden, um die Lebensbedingungen der Menschheit zu verbessern? Oder wird man sie missbrauchen, um zu zerstören, was die Menschheit in Jahrtausenden aufgebaut hat? Die Antwort muss ohne Zögern erfolgen, ohne Zweifel werden die Wissenschaftler der Welt zur ersten Alternative streben.« Die Ereignisse in Hiroshima ein halbes Jahr zuvor hatten allerdings bereits das Gegenteil gezeigt.

Albert Einstein ist es, der 1939 dem Präsidenten der USA empfiehlt, sich Gedanken über eine neue Art von Bombe zu machen. In den letzten vier Monaten haben Arbeiten aus Frankreich und Amerika gezeigt, »dass es möglich wird, eine nukleare Kettenreaktion in Uran zu starten, die Unmengen Energie und große Mengen neuer Radium-ähnlicher Elemente erzeugt«, schreibt Einstein in einem Brief. Mit großer Sicherheit würde dieses Phänomen zur Konstruktion neuartiger Bomben führen können. »Eine einzelne Bombe dieses Typs, die per Schiff transportiert und im Hafen zur Explosion gebracht wird, könnte sehr wohl den gesamten Hafen samt umliegendem Gebiet zerstören.« Die deutsche Regierung scheine das Potential bereits erkannt zu haben, er lege dem Präsidenten deshalb nahe, rasch in die Forschung und Entwicklung einzusteigen.

Und so nimmt 1942 in Chicago der weltweit erste Atomreaktor den Betrieb auf. Er produziert Material für das Manhattan-Projekt, das die erste Atombombe entwickelt. Sie basiert auf Polonium. Am 6. August 1945 schließlich setzt das amerikanische Militär die neue Waffe zum ersten Mal ein. »Little Boy« trifft die japanische Stadt Hiroshima. Drei Tage später schlägt die Bombe »Fat Man« in Nagasaki ein. Zehntausende Menschen sterben bei der Explosion, Zehntausende weitere an den Folgeschäden. Otto Hahn erfährt davon während seiner Kriegsgefangenschaft in England. Eine »Schweinerei« sei es, dass die Kernspaltung für militärische Zwecke missbraucht werde.

Atomwaffen und Kernenergie

So etwas wie in Japan dürfe nie wieder geschehen. Um die Menschheit zu schützen, sollten Regierungen Atomwaffen nicht weiter geheim entwickeln und testen. Darüber sind sich führende Kernforscher wie Irène Juliot-Curie, Frédéric Joliot oder Otto Hahn einig. Doch es dauert ein Vierteljahrhundert, bis am 5. März 1970 der erste Atomwaffensperrvertrag in Kraft tritt.

Verschmelzen statt Spalten –
die Zukunft der Energieversorgung?

Weltweit gibt es derzeit rund 440 aktive Atomkraftwerke. Die IAEO (Internationale Atomenergie-Organisation) überwacht die Zahl der Anlagen und kontrolliert die Sicherheit.

Was alle diese Reaktoren eint: Wird in ihnen Energie erzeugt, fällt radioaktiver Abfall an. Der Müll müsste mindestens eine Million Jahre sicher verwahrt werden, bevor er nicht mehr gesundheitsgefährdend strahlt. Die Dauer haben Forscher anhand der Zeit berechnet, die vergeht, bis ein radioaktiver Stoff nur noch halb so radioaktiv ist wie bei seiner Entstehung. Diese Halbwertszeit ist für jedes Element spezifisch, sie liegt zwischen vielen Milliarden Jahren und Sekundenbruchteilen. Für Uran 238 liegt sie beispielsweise bei rund 4,5 Milliarden Jahren, Radium 226 hat eine Halbwertszeit von 1602 Jahren. Weil Atommüll eine Mischung vieler verschiedener strahlender Stoffe ist, muss ein Lager so lange bestehen können, bis auch vom letzten von ihnen keine Gefahr mehr ausgeht. Doch es ist nach wie vor unklar, wo und wie das zum Teil noch immer stark strahlende Material entsorgt werden kann. Kritiker fordern daher, nicht noch weiter auf die Atomkraft zu setzen.

Wie also könnte die Zukunft aussehen? Verschmelzen statt Spalten – das ist die Idee der Kernfusion. Sie wird seit den 1950er Jahren als saubere Alternative zur Kernenergie

Zunächst treten dem Vertrag nur die USA, Großbritannien und die Sowjetunion bei. 2016 zählen weltweit 190 Länder zu den Unterzeichnern. Sie sichern zu, keine Atomwaffen wei-

gehandelt, weil weniger strahlende Abfallprodukte bei deutlich mehr abfallender Energie entstehen sollen.

Dass es grundsätzlich möglich ist, auf diese Weise Energie zu gewinnen, beweist die Sonne jeden Tag. Sie bezieht ihre Energie aus der Verschmelzung von Wasserstoffatomkernen zu Helium-Atomkernen bei extrem hohen Temperaturen und großem Druck. Um so auch auf der Erde Energie zu erzeugen, planen die Physiker eine kontrollierte Verschmelzung von schwerem Wasserstoff, Deuterium genannt, und überschwerem Wasserstoff, Tritium. Dabei soll pro Gramm Fusionsbrennstoff die Energie von mehr als zwölf Tonnen Kohle freigesetzt werden, so die Berechnung.

Kontrolliert ist Forschern die Reaktion jedoch noch nicht gelungen. Das Problem: Die Physiker mussten bisher stets mehr Energie in die Reaktion hineinstecken, als dabei entstand. Seit fast drei Jahrzehnten arbeiten die Angestellten der großen Fusionsprogramme der Welt gemeinsam an dem Bau eines Internationalen Thermonuklearen Experimentalreaktors (ITER). Beteiligt sind etwa Forscher aus den USA, der EU, China, Indien und Japan. Bis 2030 spätestens soll er den Forschungsbetrieb aufnehmen. Doch ein Streit um die Finanzierung und die langsamen Fortschritte in der Forschung zur Kernfusion lassen führende Forscher an dem Zeitplan zweifeln. Bis zur Inbetriebnahme kommerzieller Fusionsreaktoren werden nach jetzigen Schätzungen weit mehr als 50 Jahre vergehen. Mindestens.

terzugeben und nicht am Bau von Atomwaffen mitzuarbeiten. Außerdem verpflichten sich die Länder, die nötigen Maßnahmen für die Einhaltung des Vertrags umzusetzen. Dazu gehört beispielsweise, die Internationale Atomenergie-Organisation (IAEO) ins Land zu lassen, um die Zahl vorhandener Atomwaffen und Abrüstungsmaßnahmen zu prüfen.

Schon in den 1940er Jahren hatten einige Staaten mit Forschungsarbeiten zur zivilen Nutzung der Kernenergie begonnen. In Frankreich plant Maries Tochter Irène den ersten Atomreaktor des Landes, um Strom für die Bevölkerung zu erzeugen. Großbritannien aber ist Frankreich voraus. 1956 weihen die Briten in Calder Hall das erste Kernkraftwerk der Geschichte ein, dessen Leistung überzeugt. Weltweit folgen zahlreiche Anträge für neue Anlagen. Heute sind weltweit rund 440 Reaktoren aktiv, hinzu kommen Brennstofffabriken und Wiederaufbereitungsanlagen für den Atommüll.

Trotz ihres Siegeszugs bleibt die Kernenergie umstritten. Zwei Gründe sind entscheidend: Es gibt immer wieder Störfälle, die an der Sicherheit von Reaktoren zweifeln lassen. Und noch immer ist unklar, wie und wo der anfallende Atommüll entsorgt werden kann.

Weltweit kommt es jährlich zu Hunderten meldepflichtigen Ereignissen und Störfällen; dazu gehören technische Mängel, kleinere Brände oder auffällig hohe Strahlungswerte. Die IAEO beurteilt das Ausmaß des jeweiligen Schadens. Ihre INES-Skala (International Nuclear and Radiological Event Scale) reicht von 0 – für ein Ereignis mit geringer Bedeutung – bis 7 für einen »katastrophalen Unfall«.

Auch wenn es sich die Curies anders erhofft haben: Die Atomkraft ist nicht sauber. Allein in Deutschland fallen jährlich Hunderte Tonnen ausgedienter Brennelemente an. Hinzu kommen Abfälle aus Wiederaufbereitungsanlagen, Brennfabriken, Urananreicherungsanlagen und stillgelegten Reaktoren. Wenn im Jahr 2022 das letzte Atomkraftwerk hierzulande

vom Netz geht, werden die Atomkonzerne laut der Umwelt-
organisation Greenpeace rund 15 000 Tonnen hochradioakti-
ven Müll produziert haben. Dazu kommen schwach- und mit-
telradioaktive Abfälle.

Endgültig entsorgen lässt sich das strahlende Material nicht.
Forscher sind bisher nicht in der Lage, es in nicht-radioaktive
Stoffe umzuwandeln. Damit er für Menschen ungefährlich ist,
müsste der Müll nach jetzigen Berechnungen mindestens eine
Million Jahre sicher verwahrt werden.

Forschung und Politiker in aller Welt suchen immer noch
nach einem geeigneten Ort unter der Erde, an dem das gefähr-
liche Material sicher gelagert werden kann. Allerdings ist man
sich bis heute nicht einmal einig, welche Kriterien ein solches
Endlager überhaupt erfüllen muss: Welche Beschaffenheit
sollte das Gestein haben? Wie tief muss der Müll eingelagert
sein? Was braucht es, um ihn abzuschirmen? Und muss das
Lager auf ewig verschlossen werden, oder sollte der Müll rück-
holbar sein? Momentan bewahren die Energiekonzerne weltweit den Abfall in überirdischen Zwischenlagern auf, entweder auf dem Gelände des Kraftwerks oder in zentralen Stellen.
In Deutschland finden diese sich etwa in Ahaus, Greifswald
oder Gorleben.

Tschernobyl, der größte Atom-Unfall der Geschichte

Zweimal in der Geschichte der Atomenergie sind Unfälle in
Atomreaktoren auf der INES-Skala mit 7 eingestuft worden. In
beiden Fällen handelt sich es um einen Super-GAU, einen
»Größten Anzunehmenden Unfall«, bei dem Umwelt und
Mensch die Folgen spüren.

Die erste Katastrophe ereignet sich am 26. April 1986 im ukrainischen Atomkraftwerk Tschernobyl. Der Betreiber will lediglich testen, wie sich sein Bau während eines vollständigen Stromausfalls verhält. Doch der Versuch läuft nicht wie geplant, die Reaktorleistung steigt innerhalb kürzester Zeit unkontrolliert an, und schließlich explodiert ein Reaktorblock der Anlage – tagelang werden mehrere Tonnen hochradioaktiver Partikel in die Luft geschleudert. Es ist der größte atomare Unfall der Geschichte, dessen tatsächliches Ausmaß die sowjetischen Behörden herunterzuspielen versuchen, solange es geht.

Unter den strahlenden Atomen sind vor allem Jod, Cäsium und Tellur. Weil sie in mehr als 15 Kilometer Höhe gelangen, bildet sich eine radioaktive Wolke, die sich über rund 150 000 Quadratkilometer erstreckt. Spuren des Atomstaubs sind von Nord- bis Südeuropa nachweisbar. Es dauert vier Tage, bis die Wolke Deutschland erreicht. Radioaktives Material regnet besonders über dem Süden Deutschlands nieder. Entsprechend bemerkbar ist die zusätzliche Strahlendosis von 0,1 Millisievert pro Erwachsenem in Bayern. Das entspricht einem Zehntel der heute einzuhaltenden Jahreshöchstdosis.

Mögen die Folgen auch in Deutschland messbar sein – das Ausmaß der Katastrophe ist in der Ukraine weit größer. In Tschernobyl kommen infolge des Reaktorunfalls unmittelbar 28 Menschen ums Leben, 19 weitere sterben zwischen 1986 und 2005 an den Folgen der Katastrophe. Zu diesem Ergebnis kommt ein Bericht der Vereinten Nationen. Darin heißt es, dass langfristig insgesamt bis zu 4000 Menschen an den Folgen der damals freigesetzten Radioaktivität sterben. Wie viele Menschen genau Schäden davontragen, ist ungewiss.

Dessen ungeachtet verbreitet sich die Atomkraft. Es wird

25 Jahre bis zur nächsten Katastrophe dauern und bis die Regierungen der Welt erneut offen fragen: Wie sicher ist die Energie wirklich? Und ist sie nicht doch verzichtbar?

In Fukushima kommt es zum Super-GAU

Am 11. März 2011 wird Japan zweieinhalb Minuten lang vom bisher schwersten Erdbeben in seiner Geschichte erschüttert. Das Epizentrum des Bebens liegt rund 130 Kilometer vor der Ostküste der Hauptinsel Honshu. Die Auswirkungen sind dramatisch: Der Meeresgrund verschiebt sich und erzeugt einen Tsunami, der mit 800 Kilometern pro Stunde auf den Nordosten der Insel zurast. Als die Welle aufs Land trifft, richtet sie verheerende Schäden an. Sie zerstört Dörfer und Städte, mehr als 16 000 Menschen sterben in den Fluten. Und: Im Atomkraftwerk Fukushima-Daiichi fällt der Strom aus. Das Beben hat die Leitungen zertrennt und das Wasser wichtige Dieselgeneratoren überspült.

Zunächst heißt es, die Lage sei unter Kontrolle. Doch schon wenig später verkündet die Regierung den atomaren Notfall für Fukushima. Weil die Kühlung ausfällt, steigen über Stunden die Temperatur und der Druck in Teilen der Anlage, bis es in kurzer Abfolge zu Explosionen in drei der vier Reaktoren kommt. Radioaktives Material wird in die Luft geschleudert, ein Teil verbreitet sich über dem Land, der Rest zieht auf das Meer hinaus.

Das Unglück rangiert auf Höchststufe 7 der offiziellen INES-Skala. Das hat der Reaktorunfall von Fukushima mit Tschernobyl gemein. Allerdings gibt es entscheidende Unterschiede: Die Regierung evakuierte das Gebiet um den ukrainischen Reaktor erst Tage nach dem GAU, ebenso lange aß die Bevölkerung belastete Lebensmittel. In Japan dagegen bringen Hilfskräfte die Menschen frühzeitig in Sicherheit, gewisse Nahrungsmittel dürfen nicht mehr verzehrt werden, zudem bekommen die Anwohner Jodtabletten, die verhindern, dass der Körper radioaktives Jod speichert, das bei der Katastrophe freigesetzt wurde.

Noch bis heute ist fraglich, ob und wann die Menschen in die Fukushima-Region zurückkehren können. Auch bleibt ungeklärt, wie viele Japaner aufgrund der Strahlung tatsächlich an Krebs erkranken. Fest steht: Auf die Atomkraft wird Japan dennoch nicht verzichten. Nach der Nuklearkatastrophe wurden die Reaktoren heruntergefahren, zunächst bis zum Mai des folgenden Jahres. Ab September 2013 standen die Meiler erneut still – bis Mitte 2015 die erste Anlage wieder ans Netz ging. Unter großen Protesten der Bevölkerung.

Solch dramatische Entwicklungen hatten selbst Marie und Pierre Curie nicht vorhergesehen. Ebenso wenig, dass ihre Nachfahren die Atomphysik maßgeblich mitgestalten würden – bis heute.

Irène Joliot-Curie –
Das Vermächtnis der Curie-Frauen

»In ihren späteren Jahren war es für sie ein Quell der Freude und des Stolzes, die feinen Entdeckungen ihrer Tochter Irène und von deren Mann zu beobachten. In gewisser Weise hat sich die Wissenschaft selbst wiederholt.« Mit diesen Worten gedenkt Ernest Rutherford seiner Kollegin Marie Curie. Während die jüngere Tochter Ève als Schriftstellerin berühmt wird – 1937 veröffentlicht sie eine Biografie über ihre Mutter, 1944 ist ihr Buch *Eine Frau an der Front* für den Pulitzer-Preis nominiert –, folgt Tochter Irène Marie ins Labor. Sie führt die Forschung fort, wird dafür selbst mit dem Nobelpreis ausgezeichnet – und lässt mit Tochter Hélène die Dynastie der Curie-Frauen weiterleben.

Als Irène 1897 geboren wird, steckt Marie bereits mitten in ihren Recherchen für die Doktorarbeit. Auch wenn sie von früh bis spät die Radioaktivität erforscht, versucht sie sich so viel wie möglich um ihre »kleine Königin«, wie sie Irène in einem Brief nennt, zu kümmern. »Marie kam nie die Idee, zwischen Familienleben und Karriere zu wählen«, schreibt Ève in der Biografie. Sie sei zu allem entschlossen gewesen: Liebe, Mutterschaft und Wissenschaft. Als Beweis führt sie Notizen aus einem Schulbuch an: Jeden Tag trägt Marie das Gewicht des Kindes ein, was es isst und wann es die ersten Zähne bekommt. »Irène sagt ›Danke‹ mit der Hand. Sie kann nun gut auf allen Vieren gehen. Sie sagt ›Gogli, gogli, go.‹ [...] Sie kann rollen, sich selbst aufstützen und sich hinsetzen«, heißt es etwa am 20. Juli 1898. Fraglich ist jedoch, ob tatsächlich in erster Linie die Begeisterung für das Kind und nicht vielmehr die Notwendigkeit, dessen Gesundheit zu überwachen, die Motivation für die Aufzeichnungen war.

Große Teile von Irènes Kindheit verbringt die Mutter im Labor. Ohne die Hilfe ihres Schwiegervaters wäre das nicht möglich gewesen. Bis zu seinem Tod ist er Irènes engste Bezugsperson. Pierres Mutter war wenige Tage nach Irènes Geburt gestorben. »Dr. Curie hatte eine starke Zuneigung zu dem Baby gefasst. Er wachte sogar über ihre ersten Schritte«, schreibt Ève. Als Pierre und Marie aus der Pariser Stadtwohnung in ein Haus ziehen, richten sie für den alten Mann ein Zimmer ein, damit er bei ihnen wohnen kann. »Er wurde Irènes erster Lehrer und bester Freund.«

Irène wächst in einem Haus auf, in dem die großen Forscher Frankreichs ein und aus gehen; André Debierne, Jean Perrin und seine Frau, die Maries beste Freundin ist, Georges Urbain, Paul Langevin, Aimé Cotton, Georges Sagnac, Charles Edouard Guillaume. Die bedeutenden Männer respektieren ihre Mutter, holen ihren Rat ein und diskutieren über ungeklärte Fragen der Wissenschaft. Früh gehört es auch zu Irènes Alltag, Fragen der Mathematik, Physik und Biologie zu beantworten. Es gehört ebenso selbstverständlich zu ihrer Freizeit wie Fahrradfahren.

Als ihr Vater stirbt, ist Irène acht – alt genug, um ihn zu betrauern, und doch jung genug, schnell darüber hinwegzukommen. Anders als ihre Mutter, die in den nächsten Monaten nur noch funktionieren und nicht mehr leben wird, wie Ève es beschreibt. Erneut ist es Pierres Vater, der die Familie beisammenhält. Statt – wie damals üblich – zu seinem zweiten Sohn zu ziehen, bleibt er im Haus der Schwiegertochter. Eine Witwe, ein 79-Jähriger, ein kleines Mädchen und ein Baby – das ist die Curie-Familie im Jahr 1906.

»Ohne den blauäugigen alten Mann wäre ihre Kindheit von Trauer überschattet gewesen«, schreibt Ève. Der Großvater sei Irènes Spielgefährte und Erzieher gewesen, weit mehr als die Mutter, die immer weit weg im Labor gearbeitet habe. »Er hat sich nicht damit zufriedengegeben, sie in die Naturkunde und Botanik einzuführen oder ihr sinnhaltige, lehrreiche und sehr lustige Briefe zu schreiben [...]: Er beeinflusste ihr Geistesleben entscheidend.« Von ihrem Großvater übernimmt Irène eine Abneigung gegenüber allem Kirchlichen. Sie hat einen ausgeprägten Realitätssinn, Ève nennt ihn gar »unerbittlich«, und selbst ihre politische Neigung als Erwachsene – sie ist Sozialistin – ist laut der jüngeren Schwester direkt auf den Großvater zurückzuführen.

1911 bekommt Marie ihren zweiten Nobelpreis verliehen. In Begleitung ihrer Schwester reist sie nach Stockholm, ebenfalls dabei: Tochter Irène. 24 Jahre später wird diese in derselben Halle die gleiche Auszeichnung erhalten.

Irène lernt, lebt und liebt wie ihre Mutter

Mit guten Noten schließt Irène die Grundschule ab. Doch was nun? Marie hat eine Abneigung gegen den normalen Schulunterricht. Gemessen an den gelehrten Inhalten – die Naturwissenschaften kommen der Physikerin stets zu kurz –, raube der Unterricht den Kindern zu viel Lebenszeit. »Sie wollte, dass Irène wenig lernen sollte, dafür aber sehr gut«, schreibt Ève. Also organisiert Marie mit einigen Universitätskollegen eine Lerngemeinschaft. Irène und neun weitere Professorenkinder erhalten von nun an Sonderunterricht bei Universitätsdozenten.

Jeden Tag lernen die Kinder von einem anderen Lehrer: »Eines Morgens stürmten sie das Büro der Sorbonne, wo Jean Perris sie in Chemie unterrichtete; am nächsten Tag ging das kleine Bataillon an die Fontenay-aux-Roscs: Mathematik mit Paul Langevin«, erklärt Ève. »Mmes Perrin und Chavanne, der Künstler Magrou und Professor Mouton unterrichteten Literatur, Geschichte, Sprache [...] und Zeichnen. Zu guter Letzt, in einem bis dahin ungenutzten Raum der physikalischen Fakultät, opferte Marie Curie ihre Donnerstagnachmittage dem elementarsten Kurs der Physik, den die Wände je gehört hatten.« Zwei Jahre lang dauert der Unterricht, dann können die Eltern die Zeit nicht mehr aufbringen. Irène kommt auf das College Sévigné in Paris, eine Schule mit gutem Ruf, auch weil die Stunden im Klassenraum begrenzt sind.

Eines lässt sich Marie nicht nehmen: ihrer Tochter wissenschaftliche Aufgaben zu stellen. Aus Briefwechseln der beiden geht hervor, wie rasch Irène lernt und wie selbstverständlich Marie die Entwicklung ihrer Tochter findet. Diese wird stets besser und löst viele der Aufgaben für Außenstehende beeindruckend. Manchmal aber reagiert auch sie, wie man es von einer Schülerin erwartet – genervt: »Ich verfluche die Taylor-Formel, weil sie das Hässlichste ist, was ich kenne«, schreibt sie etwa in einem der Briefe an ihre Mutter.

Mit 16 legt die junge Frau ein sehr gutes Abitur ab. Ein Jahr später, 1914, beginnt sie ein Mathematik- und Physikstudium an der Sorbonne, um mit ihrer Mutter zu forschen. Radioaktives Material gehört von nun an auch zu ihrem Alltag.

Dann beginnt der Erste Weltkrieg. Irène studiert bestmöglich weiter. Zugleich lässt sie sich als Krankenschwester ausbilden. Nur wenige Monate später wird sie ihre Mutter durch Frankreich begleiten, um Röntgenstationen aufzubauen und Soldaten zu versorgen. Erst mit Anfang 20 nimmt sie an dem von Marie Curie geleiteten Radium-Institut in Paris ihre Forschungsarbeit wieder auf.

Irène habe nie an ihrer Berufung gezweifelt, schreibt Ève: »Sie würde Physikerin werden, und sie wollte, sehr bestimmt, Radium erforschen.« Der Erfolg ihrer Eltern habe sie weder entmutigt noch eingeschüchtert. »Mit bewundernswerter Selbstverständlichkeit begab sie sich auf die Spuren von Pierre und Marie.« Die Liebe zur Wissenschaft und ihre Fähigkeiten hätten in ihr nur ein Verlangen hervorgerufen: für immer in dem Labor zu arbeiten, in dem sie aufgewachsen ist und bereits 1918 zur Assistentin ernannt wurde.

Ebenso wie ihre Mutter, die mit Pierre einen engen Kollegen zum Mann nahm, entscheidet sich Irène 1926 für ihren Forschungspartner Frédéric Joliot. »Eines Morgens berichtete Irène ihrer Familie ruhig von der Verlobung«, schreibt Ève. Eine große Überraschung, denn bis dahin weiß niemand, dass die beiden sich privat sehen. Frédéric war ebenfalls Assistent von Marie, ein aufstrebender Wissenschaftler am Radium-Institut, gutaussehend und drei Jahre jünger als Irène. Mancher vermutet, Frédéric sei berechnend und allein auf die Karriere aus. Selbst Marie ist lange Zeit skeptisch. Doch mit der Zeit lernt sie den jungen Mann zu schätzen. Ein weiterer Vorteil: Sie hat zu Hause nun nicht nur Irène, sondern gleich zwei Forscher am Tisch, mit denen sie auch außerhalb der Laborzeit wissenschaftliche Probleme diskutieren kann und die sie mit frischen Ideen versorgen. Viermal in der Woche sitzen sie dazu gemeinsam um den großen runden Tisch in Maries Haus, wie sich Ève erinnert.

Bereits ein Jahr später feiern die Joliot-Curies die Geburt ihrer Tochter Hélène, 1932 kommt Sohn Pierre zur Welt. Kindermädchen ziehen den Nachwuchs groß. Wie einst ihre Mutter verbringt Irène die meiste Zeit im Labor. Inzwischen hat sie ihre Dissertation über die Alphastrahlung von Polonium veröffentlicht. Ihr Doktorvater war 1930 kein anderer als Paul Langevin, jener Mann, mit dem ihre Mutter zwanzig Jahre zuvor eine Affäre gehabt haben soll. Sie schätzt Langevin für seine Forschung. Wie schon ihre Mutter trennt die Physikerin zwischen Privatleben und Karriere – abgesehen von der Wahl des Ehemanns.

Und wieder geht ein Nobelpreis an eine Curie

Bis zum Oktober 1933 haben sich die Joliot-Curies in Fachkreisen bereits einen guten Ruf erarbeitet. Doch noch stehen sie im Schatten der Curies. Auf der Solvay-Konferenz in Brüssel wollen sie daraus hervortreten. Es ist das erste Mal, dass sie eingeladen sind. Marie war seit der ersten Veranstaltung regelmäßig Gast, nun ist es auch ihre Tochter. Vor 40 der weltweit besten und klügsten Nuklearforscher präsentieren die Joliot-Curies ihre neuesten Forschungsergebnisse. Irène ist zu dieser Zeit 36 Jahre alt, Frédéric 33 – sie gehören damit zu den jüngsten Konferenzteilnehmern. Frédéric betritt das Podium und eröffnet: Der Aufbau des Atoms solle überdacht werden. Der Kern des Atoms sei komplexer als bisher angenommen.

Statt die Arbeit der beiden anzuerkennen, stellen die Anwesenden sie jedoch in Frage. Sie ereifern sich so vehement, dass der Vorsitzende die Sitzung zwischenzeitlich unterbricht, damit Ruhe einkehrt. Nur wenige sprechen dem jungen Forscherpaar ihr Vertrauen aus; darunter Niels Bohr, dessen Atommodell die Joliot-Curies soeben als überholt dargestellt haben.

Doch das Ehepaar gibt nicht auf. Nach der Abreise stellen sie fest: Die Messwerte waren korrekt, ihre Erklärung aber war es nicht. Drei Monate später feiern Irène und Frédéric ihren großen Erfolg, die Entdeckung der künstlichen Radioaktivität. Sie beschießen chemische Elemente gezielt mit Alphapartikeln und wandeln diese so in neue Elemente um, die fortan Strahlungsquellen sind. Damit liefert das Paar den Beweis, dass sich ein Element von Menschenhand in ein anderes verwandeln lässt. In ihrem Experiment wird Aluminium nach dem Beschuss zu radioaktivem Phosphor. Die Halbwertszeit des strahlenden Elements beträgt dreieinhalb Minuten – dann zerfällt es zu stabilem, nicht radioaktivem Silikon.

Marie Curie und Paul Langevin sollen die ersten Zeugen sein. Erst wenn Mutter und Mentor überzeugt sind, wollen die Joliot-Curies wieder an die Öffentlichkeit gehen. Frédéric hat den Moment später in seinen Aufzeichnungen festgehalten: »Ich werde niemals diesen Ausdruck intensiver Freude vergessen, der sie [Marie] überkam, als Irène und ich ihr das erste [künstlich erzeugte] radioaktive Element in einem kleinen Glasfläschchen zeigten. Ich sehe noch immer vor mir, wie sie das kleine Röhrchen mit ihren von Radium geschädigten Fingern greift. Um zu bestätigen, was wir ihr erzählten, hielt sie den Geiger-Zähler nah daran, und sie konnte die zahlreichen

Eine kurze Geschichte des Atoms

Der griechische Philosoph Demokrit (460–370 v. Chr.) stellt die Theorie auf, dass alles im Universum aus vielen kleinen Partikeln aufgebaut ist. Er nennt diese kleinsten Teile »Urkörner« oder »Atome«, vom griechischen Wort *átomos* für »unteilbar«.

Ein Atom müsse nicht allein bleiben, sagt 1803 der Naturforscher John Dalton (1766–1844). Zwar seien die Atome, die ein bestimmtes Element bilden, untereinander gleich, doch unterschieden sich die Atome je nach Element. Er entwickelt die Theorie, dass Atome sich verbinden können. Später stellt sich heraus: Die Idee ist nicht grundlegend falsch, in den Details jedoch liegt er daneben. Dennoch heißt die atomare Masseneinheit u ihm zu Ehren im englischsprachigen Raum »Dalton«, kurz Da.

Joseph John Thomson (1856–1940) entdeckt 1897 Elektronen, negativ geladene Teilchen, die kleiner sind als ein Atom – vielleicht ein Baustein davon? Für die Entdeckung und Beschreibung bekommt er einen Nobelpreis. Sieben Jahre später schlägt er darauf aufbauend ein neues Atommodell vor. Der britische Physiker muss dabei an Essen denken, an Rosinenkuchen, um genau zu sein. Demnach ist ein Atom wie Kuchenteig, und darin

Klicks hören. [...] Zweifelsohne war das die größte Genugtuung in ihrem Leben.« Kurz darauf stellt das Paar den Mitgliedern der Französischen Akademie der Wissenschaften seine Arbeit vor. 1934 veröffentlichen Irène und Frédéric die Ergebnisse in einem Fachjournal.

sind die negativ geladenen Elektronen wie Rosinen verstreut.

Der Physiker Ernest Rutherford (1871–1937) widerlegt den Kollegen. In einem Experiment beschießt er 1911 Goldfolie mit Heliumatomen, auch Alphastrahlung genannt, und stellt fest: Ein Großteil der Atome scheint ungehindert durch das Hindernis zu wandern, wenige andere werden abgelenkt und ändern ihre Richtung – manche scheinen gar zurückzuprallen. Wäre das Atom wie Kuchenteig, würden wohl mehr Teilchen zurückprallen als durchrauschen. Er folgert, dass Atome einen kleinen, festen Kern haben, der von einer größeren Hülle mit Elektronen umgeben ist.

Verfeinert wird das Modell von Niels Bohr (1885–1962). Der dänische Physiker postuliert 1913, die negativ geladenen Elektronen würden den Kern auf Bahnen umkreisen wie Planeten die Sonne. Der Kern selbst besteht demnach aus positiv geladenen Protonen und elektrisch neutralen Neutronen. 1922 bekommt Bohr für seine Beschreibung des Atoms den Physik-Nobelpreis.

Bis heute ist das Bohr'sche Atommodell mehrfach überarbeitet worden und heißt nun »Elektronenwolkenmodell«. Der Grund: Die Elektronen sind nicht fix, und ihre Position und Geschwindigkeit lassen sich nicht genau bestimmen. Sie bewegen sich frei wie die Wassertropfen in einer Wolke.

Der britische Physiker Ernest Rutherford, der selbst an ähnlichen Experimenten gescheitert war, schreibt den Joliot-Curies, um ihnen zu ihrem Erfolg zu gratulieren. Andere Forscher schließen sich an, darunter Lise Meitner, die auf der Solvay-Konferenz noch zur großen Gruppe der Zweifelnden gehörte.

Nach der Erniedrigung in Brüssel kommt Irène und Frédéric das Lob nur recht.

Welch bedeutende Folgen die Entdeckung für die Chemie, Biologie und Medizin habe, sei mit der Veröffentlichung sofort klar gewesen, schreibt Schwester Ève: »Bald können Substanzen mit den Eigenschaften von Radium industriell für die Curie-Therapie hergestellt werden.« Im Jahr nach dem Druck der Studie erhalten die Joliot-Curies den Chemie-Nobelpreis. »Wir zogen zu dieser Zeit von einem Pariser Apartment in ein neues Haus in der Vorstadt«, erinnert sich Tochter Hélène in einem Interview 2003. Als das Telegramm der Jury eintrifft, habe sie »so ein Gefühl« gehabt. »Und meine Eltern sagen: Nun, wir haben den Nobelpreis gewonnen.« Für sie habe das damals nicht allzu viel bedeutet. Für die Wissenschaft jedoch bedeutete es erneut eine Revolution.

Den Erfolg kann Irène allerdings nicht mehr mit ihrer Mutter feiern – Marie war wenige Monate zuvor an den Folgen ihrer Strahlenerkrankung gestorben. In ihrer Dankesrede erweist Irène ihr die letzte Ehre und betont, wie sehr ihre Arbeit auf der ihrer Mutter aufbaut.

1936 wird Irène als Staatssekretärin für Wissenschaft und Forschung berufen. Doch schon kurz darauf wechselt sie als Physik-Professorin an die Sorbonne. Die Forschung liegt ihr mehr als die Politik. Dennoch wird ihre Forschung politische Bedeutung erlangen.

Zurück im Labor, untersucht Irène mit ihrem Kollegen Pavlo Savitch die Produkte, die nach einem Neutronen-Beschuss von Urankernen entstehen. Dabei finden sie ein neuartiges, radioaktives Element – wie es aber entstanden ist, vermögen sie nicht zu erklären. Forscher weltweit sind von dem Ergebnis entsprechend irritiert, es scheint unmöglich. Ein Team, das versucht, das Experiment zu wiederholen, ist das um Otto Hahn und Lise Meitner: Sie entdecken in der Folge die Kernspaltung. Einen zweiten Nobelpreis bekommt Irène nicht, die entscheidende Erklärung der Kernspaltung gelingt Hahn. 1945 nimmt er dafür den Chemie-Nobelpreis entgegen. »Vielleicht hätten wir das Puzzle gelöst und die Uran-Kernspaltung entdeckt, wenn wir zusammengearbeitet hätten«, habe ihre Mutter später manchmal zum Vater gesagt, erinnert sich Hélène. »Wir werden es nie erfahren.«

Was eine Curie nicht zu Ende bringt, setzt die nächste fort – Hélène

Als führende Atomphysikerin wird Irène als Kommissarin in das soeben gegründete französische Kommissariat für Atomenergie berufen, dessen Vorsitz ihr Ehemann Frédéric übernimmt. Gemeinsam planen sie 1948 den Bau des ersten französischen Atommeilers und des ersten Teilchenbeschleunigers des Landes in Orsay. Mit der Entwicklung einer Atombombe aber wollen sie nichts zu tun haben, beide waren entsetzt von den Folgen der Atombombenabwürfe auf Hiroshima und Nagasaki und sind erklärte Pazifisten.

Irène Joliot-Curie wird jedoch nie im Forschungszentrum Orsay arbeiten. Sie stirbt am 17. Mai 1956 an Blutkrebs, über mehrere Jahre hat radioaktive Strahlung ihren Körper unheilbar geschädigt. Zwei Jahre später stirbt auch Frédéric Joliot-Curie an den Folgen von Radioaktivität. Mit einem Zählrohr soll er noch persönlich in die Halle eines Teilchenbeschleunigers in Orsay marschiert sein, um dort den Partikelstrom zu kontrollieren.

Tochter Hélène wird später an dem Institut für Kernphysik in Orsay forschen. Wie ihr Vater wird sie als Erwachsene in der Forschungsdirektion am Nationalen Zentrum für wissenschaftliche Forschung (CNRS) sitzen. Und wird – ganz Curie – ihren künftigen Ehemann an ihrem Arbeitsplatz kennenlernen. Ihre Begeisterung für die Wissenschaft habe sie als junges Mädchen entdeckt, »mit 13, 14 oder so ähnlich«, erzählt Hélène Langevin-Joliot im Interview. Sie habe ihre Eltern beobachtet. Was sie taten, schien interessant zu sein. »Ich bin also kein normaler Wissenschaftler aus einer normalen Familie. Ich bin eine Wissenschaftlerin aus einer sehr besonderen Familie.«

Hélène ist bis heute am CNRS tätig und führt die Tradition der Curies fort. Ihr Bruder Pierre ist Biochemiker, Sohn Yves Astrophysiker. In dieser Generation ist es die Tochter, die aus der Reihe fällt: Sie leitete die Personalabteilung einer Regierungsbehörde für Milch, Butter und Käseprodukte in Frankreich.

Der Marie-Curie-Komplex –
Frauen in der Wissenschaft

Marie Curie hat dank ihres Wirkens größten Ruhm und Respekt in einer bis heute von Männern dominierten Branche erlangt. Ihre Intelligenz, ihre Hartnäckigkeit und ihr Selbstbewusstsein waren entscheidend dafür. Auf diese Weise ist die Nobelpreisträgerin zu einer Ikone geworden. »Als aktive Forscherin, die für ihre Wissenschaft lebte und sich ein Renommee erarbeitete. Und natürlich auch als Frau, die sich durchgesetzt hat in einer frauenfeindlichen Zeit«, sagt der Historiker Horst Kant vom Max-Planck-Institut für Wissenschaftsgeschichte in Berlin und fügt zugleich hinzu: »Sie hat das aber nicht zu ihrem Thema gemacht und über die Diskriminierung der Frau gesprochen.« Es ging ihr um die Qualifikation, nicht um das Geschlecht, und sie erachtete Frauen daher als ebenso gute Forscher wie Männer.

Mit ihrer Einstellung habe sie Frauen den Weg in der Forschung geebnet, sind viele Historiker überzeugt. Doch die Wirklichkeit sieht anders aus.

Bis ins 18. Jahrhundert hinein galt die Wissenschaft eher als Hobby denn als Beruf. »Mit der Zeit entstand die Auffassung, ernsthafte Forschung könne nur betreiben, wer seinen Experimenten ungeteilte Aufmerksamkeit zuteilwerden lässt«, sagt Julie Des Jardins, Autorin des Buchs *The Madame Curie Complex*. »Auf diese Weise unterschieden sich professionelle Wissenschaftler von Amateuren.« Weibliche Forscher waren vor diesem Hintergrund undenkbar – ihre gesellschaftlichen, vor allem familiären Verpflichtungen hielten Frauen von dem Beruf ab.

Marie Curie stand für einen neuen Typus einer erfolgreichen Forscherin, die als Mutter der Wissenschaft zugleich einen emotionalen Anstrich gab. Eine Schlüsselrolle bei der Entstehung dieses Bildes schreibt Des Jardins der äußerst erfolgreichen PR- und Spenden-Kampagne zu, mit der die Journalistin Marie Meloney Curies Amerika-Besuch 1921 nicht nur in finanzieller Hinsicht zu einem Erfolg gemacht hatte. Dabei sei es zwar gelungen, binnen kürzester Zeit ausreichend Geld zu sammeln, um Maries Forschungsbedingungen deutlich zu verbessern. Doch sei der berühmten Forscherin zugleich ein geradezu überlebensgroßes Image verpasst worden, das mögliche Nachahmerinnen eher abgeschreckt habe, als sie für eine wissenschaftliche Laufbahn zu begeistern. Die Historikerin nennt das den »Marie-Curie-Komplex«: »Wenn wir diesen Mythos der Über-Menschen schaffen, sind viele von uns Erdlingen nicht gut genug«, sagt Des Jardins. »Man schließt die Mehrheit aus, weil sie das Gefühl hat, nicht mithalten zu können.« Curie sei dadurch zu einer Art Superheldin geworden, die »zu klug, zu engagiert und zu talentiert war, um von normalen Frauen nachgeahmt zu werden«.

Des Jardins steht mit dieser Sicht nicht allein da. Mögen die Absichten der Verfasser auch gut gewesen sein – betrachtet man heute die Darstellung von Curie in verschiedenen Büchern, Dokumentationen und Bühnenstücken der vergangenen Jahrzehnte, fällt auf, dass die Charakterzüge der Forscherin zumeist stark überbetont sind: Noch in den 1940er Jahren zeichnen sie die einen als heroische Mutter, während die anderen die unfehlbare Physikerin ins Zentrum stellen, die strebsame; in den 1960er und 1970er Jahren erscheint sie mal als kontaktscheue Studentin, mal als passionierte Vorreiterin der Frauenrechte. Ebenfalls auffällig ist, wie männlich wissenschaftliche Forschung dargestellt wird – etwa, dass ein engagierter Wissenschaftler das Streben nach objektiver Wahrheit über die eigene Gesundheit, Familie und Vernunft stellt.

Ein neuer Zugang gelang erst in den 1990er Jahren. Damals wertete die Historikern Susan Quinn erstmals jenes Tagebuch aus, welches Marie Curie in den Monaten nach dem Tod ihres Mannes geführt hatte. Zudem studierte Quinn an der École Supérieure de Physique et de Chimie Industrielle in Paris Dokumente, die vor ihr noch niemand eingesehen hatte. Mit diesen neuen Quellen gelang es der Historikerin in ihrer Curie-Biografie, in nie dagewesener Schärfe ein Bild der Frau hinter dem Image zu zeichnen. Des Jardins' Buch knüpft daran an und konzentriert sich dabei vor allem auf die Entstehung des »Mythos Curie«. Nicht zuletzt wegen Meloneys Kampagne würden Wissenschaftlerinnen einem Rollenmuster unterworfen, nach dem sie einerseits einem Klischee der Weiblichkeit genügen und zugleich in ihrer Arbeit als traditionell »männlich« konnotierte Erfolge vorweisen müssten. Deshalb sei es wichtig, den Mythos zu entzaubern. Am einfachsten ist das, indem man sich die historischen Fakten ansieht.

Welche Frauen bislang einen Nobelpreis in den Naturwissenschaften bekommen haben

Es ist die weltweit höchste Auszeichnung der Wissenschaft: der Nobelpreis. Seit 1901 wird er jährlich vergeben – vor allem an Männer, wie die Statistik zeigt. Nur 17 Frauen haben bisher die Auszeichnung in den naturwissenschaftlichen Kategorien Physik, Chemie sowie Physiologie oder Medizin verliehen bekommen.

1903: *Marie Curie* ist die erste Nobelpreisträgerin. Sie erhält den Preis zusammen mit ihrem Ehemann Pierre Curie und Henri Becquerel in der Kategorie Physik für die Erforschung der Radioaktivität.

1911: *Marie Curie* bekommt den Preis erneut, dieses Mal in der Kategorie Chemie unter anderem »als Anerkennung für die Entdeckung der Elemente Radium und Polonium, für die Isolation von Radium sowie die Studien zur Natur und den Verbindungen dieses bemerkenswerten Elements«.

1935: Chemie-Nobelpreis für *Irène Joliot-Curie* und ihren Ehemann Frédéric »in Anerkennung für die Synthese neuer radioaktiver Elemente«.

1947: Medizin-Nobelpreis für *Gerty Theresa Cori*, ihren Mann und einen weiteren Kollegen für ihre Arbeiten zum Zucker-Stoffwechsel.

1963: *Maria Goeppert Mayer* wird als zweite Frau in der Kategorie Physik geehrt. Sie bekommt den Preis mit zwei Kollegen »für ihre Entdeckung der nuklearen Schalenstruktur«.

1964: *Dorothy Crowfoot Hodgkin* in der Kategorie Chemie für ihre Röntgenstrukturanalysen.

1977: *Rosalyn Yalow* in der Kategorie Medizin mit zwei weiteren Forschern für die Entwicklung einer hochsensitiven Analyse-Technik namens Radioimmunassay.

1983: *Barbara McClintock* bekommt den Medizin-Nobelpreis für ihre Entdeckung springender Gene, Transposons genannt.

1986: *Rita Levi-Montalcini* teilt sich den Medizin-Nobelpreis mit einem Kollegen »für die Entdeckung von Wachstums-faktoren«.

1988: Der Medizin-Nobelpreis geht an *Gertrude B. Elion* und zwei Forscher »für ihre Entdeckungen wichtiger bio-chemischer Prinzipien der Arzneimitteltherapie«.

1995: *Christiane Nüsslein-Volhard* und zwei Forscher bekommen den Medizin-Nobelpreis »für ihre Entdeckungen zur genetischen Kontrolle der frühen Embryonalentwicklung«.

2004: *Linda B. Buck* teilt sich den Medizin-Nobelpreis mit einem Forscher für ihre Arbeit auf dem Gebiet der Geruchs-forschung.

2008: *Françoise Barré-Sinoussi* und zwei Kollegen in der Kategorie Medizin »für ihre Entdeckung des HI-Virus«.

2009: *Ada E. Yonath* in der Kategorie Chemie »für ihre Studien zur Struktur und Funktion des Ribosoms«.

2009: Medizin-Nobelpreis für einen Forscher sowie die Forsche-rinnen *Elizabeth H. Blackburn* und *Carol W. Greider* »für die Entdeckung, wie Chromosomen von Telomeren und dem Enzym Telomerase geschützt werden«.

2014: Der Medizin-Nobelpreis geht an *May-Britt Moser*, ihren Mann und einen weiteren Wissenschaftler für ihre Erforschung des Orientierungssinns.

2015: *Youyou Tu* bekommt den Medizin-Nobelpreis für ihre Forschung zu einer Malaria-Therapie.

Sicherlich hat Marie Curie Großes geleistet. Sie ist nicht umsonst die einzige Frau, die zwei Nobelpreise erhalten hat. Aber ihr Einfluss zu Lebzeiten war weit geringer, als es das Bild, das heute von ihr vorherrscht, vermuten lässt. Sie hat längst nicht alles erreicht, was sie wollte.

Marie ist beispielsweise nie Mitglied der Französischen Akademie der Wissenschaften geworden, ihrer Tochter Irène blieb das ebenfalls verwehrt. Erst deren Schülerin Marguerite Perey sollte am 12. März 1962 in die elitäre Runde aufgenommen werden. Die französische Chemikerin hatte das kurzlebige radioaktive Element Francium entdeckt, benannt zu Ehren ihres Heimatlandes.

Weiter ist es allein Maries Ehemann und liberalen Kollegen zu verdanken, dass Curie 1903 überhaupt auf der Liste der Nobelpreis-Kandidaten stand. In der Öffentlichkeit machte sie mit ihrer Beziehung zu Paul Langevin weit länger Schlagzeilen als mit der Auszeichnung.

Auch die autobiografischen Notizen, die Marie ihrer Biografie über Pierre beifügte, haben zu ihrem Bild als selbstlose, erfolgreiche Forscherin und treusorgende, hingebungsvolle Mutter beigetragen. Das Buch entstand 1923 im Anschluss an die erste Amerikareise. Curie hatte im Ausland erfolgreich Spenden für ihr Radium-Institut gesammelt und arbeitete auf Anraten von Meloney gezielt an ihrem Image als mittel- und selbstlose Forscherin. »Immer wieder betonte sie dort die miserablen Arbeitsbedingungen und gab damit einen Tenor vor, dem ihre Tochter später in ihrer Biografie konsequent folgen würde«, schreibt die Wissenschaftshistorikerin Beate Ceranski von der Universität Stuttgart. Eine Patentierung ihrer Entdeckungen, betont Marie, habe nie zur Debatte gestanden. Schließlich diene ihre Forschung dem Wohl der Allgemeinheit. »[D]er Mythos des an materiellen Belangen völlig desinteressierten Wissenschaftlerehepaares Curie [ist] dort in seinem eigentlichen Ursprung zu sehen«, schreibt Ceranski. Für Marie sei die Darstellung umso wichtiger gewesen, »als sie es ihr erlaubte, in ihrer heroisierenden Schilderung Pierre Curies auch die eigenen Forschungen und Anstrengungen darzustellen, ohne sich dem Vorwurf der Selbstdarstellung aussetzen zu müssen«.

»In einer perfekten Welt bräuchten wir keine berühmten Menschen, die emblematisch für ihr Gebiet sind«, wird der Wissenschaftsautor Roger Highfield im Magazin *The Atlantic* zitiert. Doch wir seien so gebannt von Erzählungen, dass Wissenschaft ohne sie Gefahr laufe, »anödend, langweilig und schwer nachvollziehbar« zu werden. Oft müssten Autoren sich also entscheiden: Erzähle ich eine heroische Geschichte wie die der mittellosen Wissenschaftlerin Marie Curie, oder berichte ich schlicht die Ergebnisse, für die sich schlimmstenfalls niemand interessiert? Infolge dieser äußerst ungleichen Verteilung der öffentlichen Aufmerksamkeit sind zahlreiche Forscher nicht zu ihrem verdienten Ruhm gekommen. Ebenso sind zahlreiche fehlgeschlagene, aber dennoch – oder eben deshalb – wichtige Experimente in Vergessenheit geraten. Entsprechend verzerrt ist das Bild, das die Öffentlichkeit und etwa Studenten von der wissenschaftlichen Arbeit haben.

Vor allem Frauen wurden in der Vergangenheit um ihre Erfolge gebracht. Wie Julie Des Jardins in ihrem Buch beschreibt, war es Anfang des 20. Jahrhunderts keine Seltenheit, dass männliche Astronomen der Harvard-Universität oder des Massachusetts Institute of Technology bedeutende Forschungsergebnisse unter ihrem Namen publizierten, obwohl ihre schlechter bezahlten und weniger ausgebildeten weiblichen Laborassistentinnen die Entdeckungen gemacht hatten. Ein weiterer Fall: Die Physikerin Lise Meitner hat gemeinsam mit Otto Hahn die Kernspaltung beschrieben. Den Nobelpreis aber bekam Hahn allein. Und selbst Marie Curie dient als Beispiel: Lange galt sie bloß als die Assistentin ihres Ehemanns, der erste Nobelpreis hat daran kaum etwas geändert.

Frauen versickern in der Wissenschaft

Auch deshalb gibt es heute nur wenige weibliche Vorbilder für eine Karriere in der Wissenschaft. Die DNA-Forscherin Rosalind Franklin, die mit dem Nobelpreis ausgezeichnete Botanikerin Barbara McClintock und die Physikerin Rosalyn Yalow oder die Primatenforscherinnen Jane Goodall und Dian Fossey gehören als einige wenige beispielsweise dazu. Junge Forscherinnen können von ihnen lernen, um sich in der Forschung zu behaupten. Und sie sollten es auch. Denn noch gelingt eine wissenschaftliche Karriere weit weniger Frauen als Männern.

Der Weg einer wissenschaftlichen Karriere ist, wie Margarita Ivanova und Petra Stein in ihrem Buch *Akademische Karrieren von Naturwissenschaftlerinnen gestern und heute* schreiben, ein langwieriger Prozess, der mit einer enormen Ungewissheit, vielen Hindernissen und einer hohen Belastung verbunden ist. »Nur wenige Personen, die sich für diese Laufbahn entschieden haben, erreichen tatsächlich auch einen Ruf auf eine Professur und können von der gesellschaftlichen Anerkennung und der finanziellen Absicherung profitieren.« Über alle Studienfächer betrachtet, sei der Anteil an Frauen,

Studentinnen —
— in der Minderheit

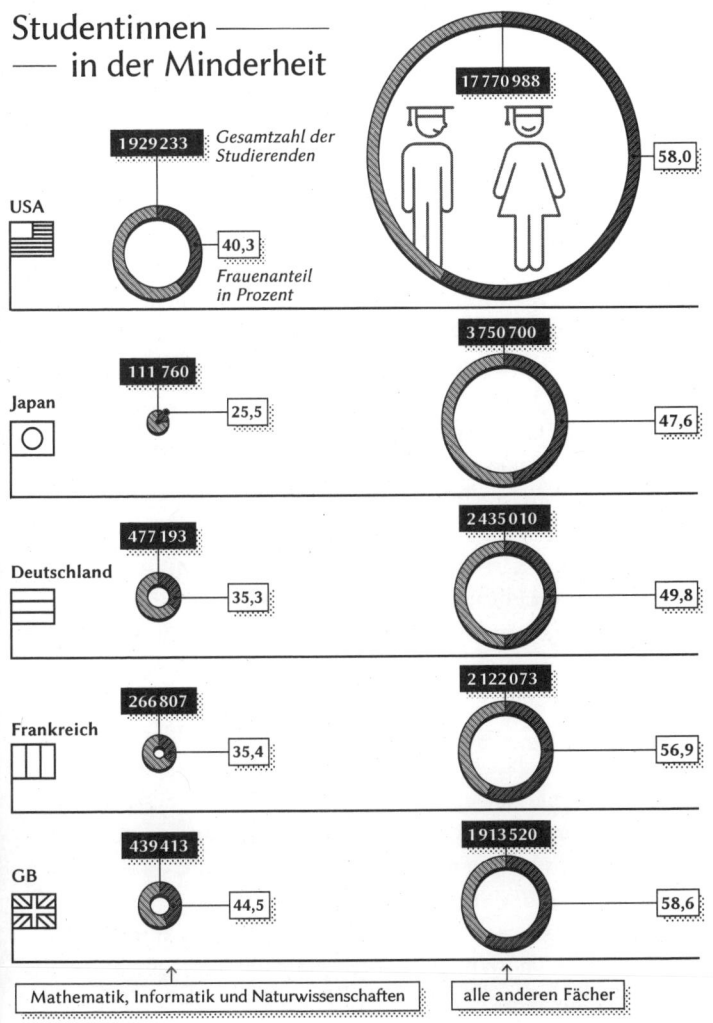

1929233 — *Gesamtzahl der Studierenden*

17770988

58,0

USA

40,3 — *Frauenanteil in Prozent*

Japan

111760

25,5

3750700

47,6

Deutschland

477193

35,3

2435010

49,8

Frankreich

266807

35,4

2122073

56,9

GB

439413

44,5

1913520

58,6

↑ Mathematik, Informatik und Naturwissenschaften

↑ alle anderen Fächer

Quelle: Eurostat, Stand 2014

die ein Studium aufnehmen, genauso hoch wie der der Männer, jedoch nehme der Anteil der Frauen bei den weiterführenden Qualifikationsstufen kontinuierlich ab. »Wenn Sie sich die Zahlen von Forschern auf unterer Ebene anschauen, werden Sie eine große Zahl Frauen finden«, erzählt auch Hélène Langevin-Joliot 2003 in einem Interview aus Erfahrung. »Wenn Sie sich dann anschauen, wie viele Professor werden, ist die Zahl bedeutend geringer.«

»Leaky Pipeline« heißt dieses Phänomen, Frauen versickern gleichsam in den traditionell auf Männer ausgerichteten Wissenschaftsstrukturen. Anfang der 1980er Jahre beschrieb die Bildungsforscherin Sue E. Berryman in ihrem Buch *Who will do science?* als eine der Ersten den Karriereweg von Frauen in der Wissenschaft mit diesem Begriff. Ein anderes, gebräuchliches Bild für zu früh endende wissenschaftliche Karrieren von Frauen ist die »gläserne Decke«. Demnach stoßen Frauen im Lauf ihrer Karriere irgendwann an eine unsichtbare Grenze, die sie von Führungspositionen trennt. Der Begriff stammt aus den USA und wurde erstmals in einem Zeitungsartikel von 1986 erwähnt. In einem Report des *Wall Street Journal*, »The Glass Ceiling: Why Women Can't Seem to Break the Invisible Barrier That Blocks Them from the Top Jobs«, belegen die Autoren, dass in den meisten US-Firmen auffallend wenige weibliche Führungskräfte arbeiten. Ging es zunächst nur um Stellen in der Wirtschaft, wurde das Phänomen mit den Jahren auch in anderen Bereichen beobachtet, etwa der Wissenschaft.

Tatsächlich sind Frauen im Wissenschaftssektor in allen EU-Ländern noch immer unterrepräsentiert. Im Durchschnitt ist nur knapp mehr als ein Drittel der europäischen Forscher weiblich, obwohl die Zahl der Studentinnen jene der Studenten übersteigt. Das zeigen die 2015 erschienenen »She-Figures«-Reports der Europäischen Kommission. Seit 2003 gibt die EU damit einen Überblick über die Situation von Frauen in Wissenschaft und Forschung. In Umfragen ermitteln die Autoren den Anteil weiblicher Wissenschaftler und wie viele Frauen Entscheiderpositionen innehaben, also etwa Rektorinnen einer Universität oder Mitglied oder Vorsitzende eines wissenschaftlichen Gremiums auf nationaler Ebene sind. Auch wenn Frauen fast die Hälfte aller Promovierenden ausmachen, verlassen sie überdurchschnittlich oft den akademischen Karriereweg. Im Wissenschaftssystem sind sie öfter in Teilzeit und befristet angestellt, und sie verdienen nach wie vor weniger als Männer. Die Autoren des Berichts ziehen für Europa dennoch eine positive Bilanz. »Die Daten legen nahe, dass Frauen seit Anfang des 21. Jahrhunderts Boden gutgemacht haben«, heißt es. Vor allem im Bereich der Medizinwissenschaften gleichen sich die Quoten an. Auf den Gebieten der Ingenieurswissenschaften, Technik und Naturwissenschaften jedoch gibt es weiterhin große Unterschiede – sowohl was die Zahl der Studierenden als auch die der Frauen in Führungspositionen angeht.

Mehr Professorinnen braucht das Land

Gleichstellungsprogramme sollen es richten. Sie unterscheiden sich je nach Einrichtung: Manche Hochschulen und Forschungsinstitute setzen auf Mentorinnen-Netzwerke, um Studentinnen für technisch-naturwissenschaftliche Studiengänge zu gewinnen. Für Nachwuchswissenschaftlerinnen, die ein Kind bekommen haben und deshalb ihre Promotion oder ihre

Berufstätigkeit unterbrechen mussten, gibt es Stipendien, um den Wiedereinstieg zu erleichtern. Und in Deutschland beispielsweise bezuschusst der Staat Hochschulen, die Professorinnen einstellen.

Immer wieder werden die großen Vorbilder der Wissenschaftlerinnen, Marie Curie und ihre Tochter Irène, als Namenspatrone herangezogen. Beispielsweise gibt es seit 2013 in Deutschland das Irène-Joliot-Curie-Programm. Es richtet sich an Physikerinnen – egal ob Studentin, Doktorandin oder Professorin –, die die Entstehung und Struktur der Materie, die fundamentalen Kräfte im Universum sowie die experimentelle Nachweisbarkeit von dunkler Materie untersuchen. Ziel ist es, landesweit ein Netzwerk aufzubauen, um sich über den Stand der Forschung auszutauschen, vor allem aber, um Kontakte zu knüpfen und grundlegende Fragen zu stellen. Auf europäischer Ebene wiederum greifen die Marie-Skłodowska-Curie-Maßnahmen. Ziel ist es, Forscherinnen auf allen Stufen ihrer Laufbahn und unabhängig von ihrer Staatsangehörigkeit zu unterstützen. Die finanzielle Hilfe können Frauen aus allen Disziplinen beantragen, von der Grundlagenforschung wie Teilchenphysik bis hin zur Notfallfallmedizin. Unterstützt werden auch Industriedoktorate, bei denen Nachwuchswissenschaftlerinnen sowohl akademisch forschen als auch in einem Unternehmen arbeiten.

»Solche Maßnahmen sind unerlässlich«, sagt die Physikerin Kerstin Borras. Sie ist eine der wenigen Frauen, die es an die Weltspitze der Forschung geschafft haben. Nahezu drei Jahre lang war sie stellvertretende Leiterin des CMS-Experiments am Cern, dem leistungsstärksten Teilchenbeschleuniger der Welt. Zu ihrem Projekt gehörten damals 5000 Mitglieder von mehr als 193 Instituten aus 43 Ländern. »Doch ich war die einzige Frau in vergleichbarer Position«, sagt Borras. »Das hat mich gleichzeitig stolz und ärgerlich gemacht.« Deshalb setzt sie sich heute gezielt für die Förderung von Frauen in der Wissenschaft ein. Sie ist überzeugt: »Ohne Unterstützung wäre ich nicht, wer ich heute bin« – erfolgreiche Physikerin, Professorin und Mutter. Ihr Doktorvater hatte es Borras nach der Geburt des Sohnes ermöglicht, vier Tage in der Woche halbtags von zu Hause aus zu arbeiten. »Es kostete damals 30 DM pro Stunde, um sich von außen in das Netzwerk der Universität einzuwählen«, erzählt sie. »Das hätte ich mir nie leisten können. Ich hätte meine Berufstätigkeit unterbrechen müssen und wäre aus dem Geschäft gewesen.« Ihr Mentor aber beantragte beim Land Nordrhein-Westfalen erfolgreich eine finanzielle Unterstützung für die damals noch neuartige Form der Tele-Arbeit.

Die Mutterschaft ist noch immer ein Faktor, der Frauen den Weg in verantwortungsvolle Posten versperrt. Zwar sind Familie und Karriere durchaus vereinbar – das zeigen Erfahrungsberichte aus der Wissenschaft, wie sie etwa in Nikola Biller-Andornos Buch *Karriere und Kind* zusammengefasst sind. Doch viele Geschichten von Forscherinnen belegen auch: Beides zu meistern ist mit enormen Schwierigkeiten verbunden. »Die Arbeitsbelastung ist hoch, und die Konkurrenzsituation unter den Nachwuchswissenschaftlern ist ausgeprägt«, betont die Hochschulrektorenkonferenz, gewissermaßen die Stimme der deutschen Hochschulen. Entsprechend müssen sich Frauen hierzulande noch häufig zwischen einer geradlinigen Karriere und Familie entscheiden.

Das ist unter anderem den Erfordernissen des Berufs geschuldet: Laborarbeit endet nicht immer pünktlich um 17 Uhr, hinzu kommen Fachvorträge am Abend oder Dienstreisen.

Teilchenbeschleuniger LHC

Am europäischen Forschungszentrum Cern in Genf suchen Physiker nach dem Beweis für Elementarteilchen, deren Existenz bislang nur theoretisch vorhergesagt wurde. Dazu schießen sie Protonen, Bausteine der Atomkerne, mit hoher Energie aufeinander.

Als Elementarteilchen werden all jene Bausteine bezeichnet, die nicht weiter zerlegbar sind – zumindest soweit Physiker das bisher wissen. Das bekannteste ist das Elektron, hinzu kommen laut dem Standardmodell der Physik elf weitere: Myonen, die beispielsweise aus dem Kosmos auf uns treffen, und Tauonen, drei unterschiedliche Arten von Neutrinos sowie sechs verschiedene Quarks. Aus ihnen bestehen etwa Protonen und Neutronen, aus denen der Kern eines Atoms aufgebaut ist. Sie zusammen bilden die Grundbausteine der Materie. Entsprechend gibt es zwölf Antiteilchen, die die Antimaterie bilden.

Bekannt sind vier fundamentale Grundkräfte. Drei von ihnen sind im Standardmodell eingebettet: die elektroma-

Wer sich einen Namen machen möchte, muss präsent sein. Wer präsent ist, ist dann aber womöglich nicht genug für sein Kind da – so zumindest eine verbreitete Unterstellung. In Deutschland herrsche noch heute ein Rollenverständnis der Frau vor, das die scheinbar unüberwindbare Kluft zwischen der Mutter-Rolle und der wissenschaftlichen Tätigkeit bestärkt, heißt es in *Karriere und Kind*. Für die Väter gibt es einen solchen Gegensatz auffälligerweise zumeist nicht.

Eine Quotenregelung soll Gleichberechtigung schaffen.

gnetische, die schwache und die starke Kraft. Die Kräfte werden durch den Austausch von Bosonen vermittelt, die ebenfalls Elementarteilchen sind. Die vierte Grundkraft ist die Gravitation. Diese allerdings können Forscher bislang nicht in das Standardmodell einpassen.

Das Compact-Muon-Solenoid-Experiment (CMS) ist ein Teilchendetektor, mit dem die Forscher am Cern erfassen, welche Teilchen durch Kollisionen erzeugt wurden. Die Physiker vermessen sie mit höchster Präzision.

In 2012 gaben CMS-Forscher und Kollegen die Entdeckung des Higgs-Bosons bekannt. Benannt ist das Teilchen nach dem Physiker Peter Higgs, der dessen Existenz in den 1960er Jahren vorhergesagt hat. Für seine Theorie erhielt er 2013 zusammen mit François Englert den Nobelpreis in Physik.

Laufende Datenanalysen konzentrieren sich auf das Studium der Eigenschaften dieses neuartigen Teilchens. Zugleich suchen Physiker in vielen Analysen nach neuen Teilchen, die das Standardmodell erweitern und möglicherweise zur Einbettung der Gravitation führen könnten.

Zwar gibt es in Deutschland keine offizielle Frauenquote in der Wissenschaft, doch die staatliche Gleichstellungspolitik treibt Institutionen und Hochschulen seit Jahren an, Frauen zu fördern und zu befördern. 2006 hat beispielsweise die Hochschulrektorenkonferenz empfohlen, Zielvereinbarungen einzuführen. Zwei Jahre später hat sich die Deutsche Forschungsgemeinschaft (DFG) mit ihren »forschungsorientierten Gleichstellungsstandards« entsprechend positioniert: Man wolle den Frauenanteil auf allen wissenschaftlichen Karrierestufen deutlich erhöhen. Dabei dient das Kaskadenmodell als Leitgedanke. »Danach ergeben sich die Ziele für den Frauenanteil einer jeden wissenschaftlichen Karrierestufe durch den Anteil der Frauen auf der direkt darunter liegenden Qualifizierungsstufe«, heißt es. Alle Mitgliedseinrichtungen der DFG sind verpflichtet, diese Standards in ihren Institutionen umzusetzen. Die Fraunhofer-Gesellschaft, die Leibniz-Gemeinschaft und die Helmholtz-Gemeinschaft halten es ähnlich. An Helmholtz-Zentren gilt beispielsweise unter anderem, dass bei gleicher Qualifikation die Bewerberin die ausgeschriebene Stelle bekommen soll.

»Doch wer im Studium oder während der frühen Bewährungsphase in der Forschungstätigkeit Mutter wird, muss einen bedeutenden Teil seiner Zeit außerhalb der Universität zubringen und kann somit zumeist nur weniger erreichen als ein männlicher Kollege im selben Alter ohne Elternzeit«, sagt Borras, die für die Helmholtz-Gemeinschaft tätig ist. »Es geht also darum, Kinderbetreuung und Teilzeitarbeit zu gewährleisten, ohne dass dies für Frauen zum Nachteil wird.« Zwei Drittel der Akademiker sind derzeit kinderlos, Professorinnen doppelt so oft wie ihre männlichen Kollegen. »Es sollte nicht das Gesellschaftssystem sein, das diese Statistik bestimmt«, sagt die erfolgreiche Physikerin. Es schade der Forschung, der Lehre und letztlich allen, dass Frauen die Chancen in der Wissenschaft fehlen. »Frauen messen nicht genauer oder schneller – darum geht es nicht. Es geht um ihre Kultur: weniger Dominanz, mehr Teamwork, mehr Demokratie, das macht Frauen im Vergleich zu Männern als Chef aus. Die Mischung tut Instituten in der Wissenschaft und Unternehmen in der Industrie gut«, sagt Borras. »Doch wer als Forscherin in die oberste Etage möchte, kommt bislang oft nicht durch die gläserne Decke«, sie habe es selbst erlebt. »Es ist daher wichtig, dass Forscherinnen sich auf Konferenzen zeigen, Vorträge halten, ein ebenso gutes Netzwerk wie Männer aufbauen oder, besser noch, Teil des allgemeinen Netzwerkes werden. Erst mit einem gemeinsamen Netzwerk ist Gleichberechtigung erreicht«, sagt Borras. Mit Programmen wie denen der DFG, der Helmholtz-Gemeinschaft oder des Staates werde langsam zur Normalität, was zu Zeiten Marie Curies noch außerordentlich war: erfolgreiche Frauen in der Wissenschaft.

Kerstin Borras selbst hat von Marie Curie das erste Mal als Jugendliche gehört – in einer Fernseh-Dokumentation über die Nobelpreisträgerin. »Ich war sofort beeindruckt von der Zielstrebigkeit, mit der Curie ihr Leben gelebt hat«, sagt Borras. »Sie hat sich etwas vorgenommen und ist trotz aller Widrigkeiten nie von ihrem Vorhaben abgewichen.« Im Studium habe sie dann Ève Curies Biografie über die Mutter gelesen: »Und ich habe gedacht: Genau so möchte ich forschen. Aber auch: Ich werde mehr Rücksicht auf mich nehmen.« Dass Ève ihre Erzählung über die Mutter bewusst ausgeschmückt hat, habe sie erst viel später erfahren. »Wirklich gestört hat mich die Abweichung von den Fakten in diesem Fall nicht, immerhin schreibt hier eine Tochter über ihre Mutter. Die Inspiration war entscheidend.« Zu Beginn des 21. Jahrhunderts sind Frauen in der Wissenschaft nach wie vor häufig auf Förderprogramme angewiesen. Das heiße aber nicht, dass man eine kleine Curie sein müsse, um Erfolg zu haben – »das ist dann schon wieder zu viel«, sagt Borras. Sie rät Forscherinnen, authentisch zu sein, sich auf ihre Fähigkeiten zu verlassen und keine Bedenken zu haben, es bis nach ganz oben schaffen zu können.

»Marie Curie nachzueifern ist nicht zwingend eine gute Idee«, sagt auch die Historikerin Des Jardins. Curie war keine besonders politische Frau. Sie sah sich selbst nicht als Mentor. »Sie hat ihre Tochter Irène unterstützt, aber es ging ihr nicht grundsätzlich darum, Forscherinnen als Individuen zu fördern«, sagt die Autorin. Sie habe nicht aus humanitären Gründen gehandelt, sondern wollte vor allem sich selbst helfen. Das dürfe nicht vergessen, wer über die Vorbilder von Frauen in der Wissenschaft spricht. »Die perfekte Frau im Labor und im Privatleben – es gibt nur wenige, die das schaffen können«, sagt die Historikerin weiter. Dass viele noch immer glauben, beides sein zu müssen, zeige, wie gering der Fortschritt für Frauen in der Wissenschaft sei. Oftmals würden Forscherinnen sich gezwungen sehen, auf einem schmalen Grat zu wandern: »Im Labor gilt es, Männer mit ihren eigenen Waffen zu schlagen – hart sein, streng, zuweilen egoistisch. Außerhalb sollen sie aber bitte außerordentlich zugänglich, freundlich und liebenswert sein.«

Trotzdem sei die Wissenschaft für Frauen nie so offen gewesen wie heute. »Wir haben verstanden, dass es weibliche Eigenschaften gibt, die der Forschung guttun und sie voranbringen.« Niemand sage, Frauen seien bessere Wissenschaftler als Männer. »Aber die Geschichte hat uns gelehrt, dass beide Geschlechter ihre Stärken haben, die zusammen große Errungenschaften in der Wissenschaft schneller ermöglichen.«

Lektüretipps

C. Caufield: Das strahlende Zeitalter – Von der Entdeckung der Röntgenstrahlung bis Tschernobyl. München 1994.

È. Curie: Madame Curie. London/Toronto, Nachdr. 1947.

M. Curie / I. Curie: Correspondance: Choix de lettres (1905–1934). Hrsg. von Gilette Ziegler. Paris 1975.

M. Curie: Pierre Curie. New York 1932. [Marie Curies »Autobiographical Notes« finden sich am Ende des Bandes.]

– Untersuchungen über die Radioaktiven Substanzen. Wiesbaden 2011. [Übersetzung des 1904 erschienenen Originals.]

– Nobel Lecture – Radium and the New Concepts in Chemistry. Nobel Media AB 2014. [Online: bit.ly/1oLVB48.]

J. Des Jardins: The Madame Curie Complex: The Hidden History of Women in Science. New York 2010.

Sh. Emling: Marie Curie and her daughter – The private lives of science's first family. New York 2012.

J. Glenister / BBC: Marie Curie. GB 1977. [Doku. 260 Minuten.]

D. Ham: Marie Skłodowska Curie – The Woman Who Opened The Nuclear Age. Washington 2002/03.

E. Hemmungs Wirtén: Making Marie Curie – intellectual property and celebrity culture in an age of information. Chicago 2015.

P. Ksoll / F. Vögtle: Marie Curie – mit Selbstzeugnissen und Bilddokumenten. Reinbek bei Hamburg 2000.

N. Pasachoff: Marie Curie and the Science of Radioactivity. New York 1996.

S. Quinn: Marie Curie: A life. New York 1995.

M. Sklodowsla-Curie: Selbstbiographie. Leipzig, Nachdr. 1962.

Weitere genutzte Quellen

Marie Curie and the Science of Radiology: www.aip.org/history/exhibits/curie/ * S. Berryman: Who will do science? Trends, and their Causes in Minority and Female Representation among Holders of Advanced Degrees in Science and Mathematics. New York 1983. * W. Conkling: Radioactive! How Irène Curie and Lise Meitner Revolutionized Science and Changed the World. Chapel Hill 2016. * M. Curie / P. Curie: New Radio-Active Element in Pitchblende. In: Comptes Rendus 127: 175 (1898). * P. Curie / M. Curie / G. Bémont: Sur une nouvelle substance fortement radio-active, contenue dans la pechblende. In: Comptes rendus de l'Académie des Sciences 127 (1898) S. 1215–17. * E. W. Dahlgreen: Award Ceremony Speech. Presentation Speech, 10. Dezember 1911. In: Nobel Lectures, Chemistry 1901–21. Amsterdam 1966. * European Union: She figures. Brüssel 2015. * G. Kass-Simon / P. Farnes: Women of Science – Righting the Record. Bloomington 1993. * H. Langevin-Joliot: Contribution à l'étude des phénomènes de freinage interne et d'autoionisation associés à la désintégration β. Paris 1956. * A. M. Lewicki: Marie Skłodowska Curie in America, 1921. In: RSNA Radiology 223/2 (2002). * Mme. Curie plans to end all Cancers. In: New York Times. 12. Mai 1921. * A. Niroomand-Rad: Oral Histoires – Hélène Langevin-Joliot discusses her parents (Frédéric and Irène Joliot-Curie) and grandparents (Marie and Pierre Curie). Melville 2003. K. Rogers: The 100 most influential Scientists of All Time. New York 2010. [Marie Curie: S. 231–234.] * E. Rutherford: Obituary – Mme. Curie. In: Nature (21. Juli 1934) S. 90–91.